# BEI GRIN MACHT SICH IHR WISSEN BEZAHLT

- Wir veröffentlichen Ihre Hausarbeit, Bachelor- und Masterarbeit

- Ihr eigenes eBook und Buch - weltweit in allen wichtigen Shops

- Verdienen Sie an jedem Verkauf

Jetzt bei www.GRIN.com hochladen und kostenlos publizieren

Markus Breede

# Die wichtigsten Süßstoffe im Überblick

GRIN Verlag

**Bibliografische Information der Deutschen Nationalbibliothek:**

Die Deutsche Bibliothek verzeichnet diese Publikation in der Deutschen National-
bibliografie; detaillierte bibliografische Daten sind im Internet über http://dnb.d-
nb.de/ abrufbar.

Dieses Werk sowie alle darin enthaltenen einzelnen Beiträge und Abbildungen
sind urheberrechtlich geschützt. Jede Verwertung, die nicht ausdrücklich vom
Urheberrechtsschutz zugelassen ist, bedarf der vorherigen Zustimmung des Verla-
ges. Das gilt insbesondere für Vervielfältigungen, Bearbeitungen, Übersetzungen,
Mikroverfilmungen, Auswertungen durch Datenbanken und für die Einspeicherung
und Verarbeitung in elektronische Systeme. Alle Rechte, auch die des auszugsweisen
Nachdrucks, der fotomechanischen Wiedergabe (einschließlich Mikrokopie) sowie
der Auswertung durch Datenbanken oder ähnliche Einrichtungen, vorbehalten.

**Impressum:**

Copyright © 2003 GRIN Verlag GmbH
Druck und Bindung: Books on Demand GmbH, Norderstedt Germany
ISBN: 978-3-640-99093-1

**Dieses Buch bei GRIN:**

http://www.grin.com/de/e-book/21220/die-wichtigsten-suessstoffe-im-ueberblick

**GRIN - Your knowledge has value**

Der GRIN Verlag publiziert seit 1998 wissenschaftliche Arbeiten von Studenten, Hochschullehrern und anderen Akademikern als eBook und gedrucktes Buch. Die Verlagswebsite www.grin.com ist die ideale Plattform zur Veröffentlichung von Hausarbeiten, Abschlussarbeiten, wissenschaftlichen Aufsätzen, Dissertationen und Fachbüchern.

**Besuchen Sie uns im Internet:**

http://www.grin.com/

http://www.facebook.com/grincom

http://www.twitter.com/grin_com

# <u>Süßstoffe</u>

Hausarbeit im Rahmen der Ersten Staatsprüfung für das
Lehramt an Gymnasien

vorgelegt von
**Markus Breede**

Rostock, 20.10.2003

Fachbereich Chemie, Abteilung Technische Chemie,
Universität Rostock

# Inhaltsverzeichnis

# 1     Einleitung

Dass ich meine Hausarbeit im Rahmen des ersten Staatsexamens in der Chemie schreiben wollte, stand für mich schon seit längerer fest. Zur Auswahl standen für mich die Bereiche technische Chemie und Lebensmittelchemie. Die Wahl des genauen Themas fiel schließlich auf die Süßstoffe und damit auf die Lebensmittelchemie. Da mit der Ernährung auch mein zweites Fach, die Biologie, angeschnitten wird, fiel es mir nicht schwer, mich zu entscheiden.

Die erste Idee war, die Herstellung und die Anwendungen der Süßstoffe zu dokumentieren. Ich hatte bereits die erste Literatur und habe darin einige Süßstoffe gefunden, von denen zwei bereits nicht mehr verwendet werden (Dulcin und Ultrasüß). Zu den Süßstoffen gab es in dieser Literatur nur kurze Beschreibungen zur Herstellung. Ich dachte, es wäre ein gutes Thema, mehr zur Herstellung der Süßstoffe herauszufinden und darzustellen, da die Süßstoffe eine wirtschaftlich bedeutende Gruppe der Lebensmittelzusatzstoffe sind. Die Lebensmittelindustrie macht einen großen Umsatz mit den Süßstoffen. Das Handelsvolumen im Jahr 2003 wird auf etwa 720 Mio. US $ geschätzt. (Kinghorn 2002, S.4)


Bei der ersten Besprechung mit meinem Themensteller Prof. Kragl hatten wir uns bereits darüber verständigt, dass die Arbeit eine Übersicht über alle wichtigen Süßstoffe beinhalten sollte. Des Weiteren sollten noch die Eigenschaften und die Herstellung mit aufgeführt werden.

Da wir uns nicht über einen Wortlaut des genauen Themas einigen konnten, haben wir das Thema sehr allgemein mit ‚Süßstoffe' festgelegt, eine genauere Eingrenzung des Themas könnte ich noch während der Bearbeitung vornehmen.

Das war eine gute Entscheidung, denn bei der weiteren Literaturrecherche musste ich feststellen, dass die erste Liste der Süßstoffe, die ich gefunden hatte, keinesfalls die Vielzahl aller Süßstoffe widerspiegelte. Es waren nur die aufgelistet, die bei uns als Lebensmittelzusatzstoff zugelassen sind und zwei, die es einmal waren. Ich habe festgestellt, dass es weit über hundert Süßstoffe gibt.

Je weiter ich in die Literatur eingedrungen bin, desto klarer wurde mir, dass die Herstellung der Süßstoffe nur am Rande behandelt werden kann, da ihre Beschreibung den Rahmen dieser Arbeit sprengen würde. Die offene Themenstellung werde ich dahingehend nutzen, dass ich einen Überblick über die wichtigsten Süßstoffe schaffe, ihre wichtigsten Eigenschaften und ihre Verwendung auflíste und die Herstellung nur als kleinen Unterpunkt auflíste.

Das wichtigste war für mich, einen wissenschaftlich fundierten Überblick zu schaffen. Dazu werde ich in Kapitel 2 auf die Geschichte von Süßungsmitteln eingehen. In Kapitel 3 werde ich verschiedene Geschmacksmodelle erläutern, die deutlich machen, was sich hinter dem Begriff ‚süß' überhaupt verbirgt. In Kapitel 4 folgen Definitionen wichtiger Begriffe, um Süßstoffe von anderen Süßungsmitteln abzugrenzen. Die Süßstoffe allgemein und ihre Eigenschaften behandle ich in Kapitel 5. Kapitel 6 widme ich dem Synergismus, welcher eine Eigenschaft von Süßstoffen darstellt, der eine besonders wichtige wirtschaftliche Bedeutung zukommt. Im Kapitel 7 erläutere ich mögliche Gefahren der Verwendung von Süßstoffen. Das 8. Kapitel umfasst eine Darstellung der einzelnen Süßstoffen in Form von Steckbriefen.

Die Herstellungen der einzelnen Süßstoffe wäre ein Thema für eine weitere Examensarbeit.

# 2  Geschichte

## 2.1  Honig und Zucker

Das älteste Süßungsmittel ist der Honig. Erste Hinweise auf den menschlichen Gebrauch von Honig als Süßungsmittel stellen beispielsweise mehr als 20 000 Jahre alte Höhlenzeichnungen in Arana (Südspanien) dar, die einen Honigsammler zeigen. Auch die Ägypter haben aus dem 3. Jahrtausend vor Christus Reliefe über das Honigsammeln hinterlassen.

Weitere ursprüngliche Süßungsmittel sind Sirupe, die aus Datteln, Feigen oder anderen Früchten gewonnen werden.

Der Zucker, gemeint ist Saccharose, wurde in Asien bereits 8 000 v. Chr. aus Zuckerrohr gewonnen. Der erste Bericht über Zuckerrohr, der uns überliefert ist, stammt von einem Kommandeur Alexander des Großen aus dem Jahr 327 v. Chr..

In Mitteleuropa wurde Zucker erst im 16. Jahrhundert allgemein bekannt, als die Spanier begannen, Zuckerrohr in ihren Kolonien anzubauen. Seitdem ist Zucker aus unserem Leben nicht mehr wegzudenken.

Zucker findet aufgrund seiner besonderen Bedeutung in vielen Bereichen des täglichen Lebens eine besondere Beachtung. Der Zucker hat sich in den letzten 500 Jahren in unserer Kultur verankert, er ist der Inbegriff des Süßen. Alles Süße, Süßstoffe und Zuckeraustauschstoffe werden mit Zucker verglichen. Zucker ist zum „goldenen Standard" geworden. (vgl. O'Brien Nabors 2001, S.2) Seitdem ist kein Süßungsmittel gefunden worden, das mit dem Zucker in allen Eigenschaften vergleichbar ist.

Genutzt wird Zucker als reines Süßungsmittel, aber auch als Konservierungsmittel und Geschmacksverstärker, er liefert Energie und ist leicht zu gewinnen.

Ursprünglich wurde der Zucker nur in den Tropen und Subtropen aus Zuckerrohr (*Saccharum officinarum*) hergestellt. 1747 entdeckte der deutsche Chemiker A.S. Marggraf, dass Zucker ebenfalls aus der Zuckerrübe (*Beta vulgaris var. Altissima*), die auch bei gemäßigtem Klima wächst, gewonnen werden kann. Anfänglich wurde diesem keine große Bedeutung zugemessen, aber als die Engländer am Ende des 18. Jahrhunderts ihre Vorherrschaft ausbauen wollten und restriktive Handelsgesetze (‚Navigation Act' vgl. Elze 1999, S.134) erließen und weitere geschichtliche Ereignisse die Versorgung mit Kolonialwaren unsicher machten, versuchten Deutschland und andere europäische Staaten vom Import aus den Kolonien, unter anderem vom Zucker, unabhängiger zu werden. So wurde 1801 die erste Zuckerfabrik zur Gewinnung von Zucker aus der Zuckerrübe in Schlesien gebaut. (vgl. Corti 1999, S.30ff)


## 2.2   Süßstoffe

Während der, bzw. nach den beiden Weltkriegen war Zucker in Europa aus allgemeinen wirtschaftlichen Gründen sehr knapp geworden, man fand jedoch Ersatz in den Süßstoffen.

Bereits 1879 hatten Fahlberg und Remsen durch Zufall den Süßstoff Saccharin entdeckt. Dieser Stoff war leicht herzustellen und sogar 200mal süßer als Saccharose, so dass eine weit geringere Menge im Vergleich zum Zucker benötigt wurde. Leider wurde das Geschmackserlebnis durch einen leicht metallisch, bitteren Beigeschmack gestört. (siehe Kapitel 8.17)

Ebenfalls durch Zufall fand Michael Sveda 1937 einen weiteren Süßstoff, das Cyclamat. Dieser Süßstoff war nur 30mal so süß wie Zucker, konnte aber gemischt mit Saccharin den bitteren Beigeschmack verringern. Es gab zu der Zeit noch weitere Süßstoffe (Dulcin und Ultrasüß u.a.), von ihnen hat sich jedoch kein weiterer Süßstoff durchsetzten können. Heute sind von den damals entdeckten nur noch Saccharin und Cyclamat von Bedeutung.

Eines der ersten Gesetze zur Reglementierung der Nahrungsmittelzusatzstoffe trat bereits 1906 in den USA mit dem ‚Food and Drug Act' in Kraft. Darin heißt es:

> "..if it bears or contains any poisonous or deleterious substance which may render it injurious to health; but in case the substance is not an added substance, such food shall not be considered adulterated under this clause if the quantity of such substance in such food does not ordinarily render it injurious to health..." (O'Brien Nabors 2001, S.7)

Es sollten alle Stoffe reglementiert werden, die Nahrungsmitteln zugefügt werden. Diejenigen Stoffe, die natürlicherweise in Nahrungsmitteln vorkommen, sollten nicht bedacht werden, solange sie für den Menschen nicht als gefährlich erscheinen.

Der ‚Food and Drug Act' wurde im Laufe der Zeit an die Bedürfnisse der Nahrungsmittelindustrie und der Verbraucher angepasst. So entstand 1938 der ‚Federal Food, Drug
and Cosmetic Act', der 1958 erweitert wurde.

Unter vielen anderen Reglementierungen enthält dieses Gesetz von 1958 auch die Delaney Klausel, benannt nach dem Abgeordneten Delaney, in der es heißt:

> "no additive shall be deemed to be safe if it is found to induce cancer
> when ingested by man or animal, or if it is found after tests which are
> appropriate for the evaluation of the safety of food additives, to induce
> cancer in man or animal" (O'Brien Nabors 2001, S7)

Ein Stoff sollte nicht mehr als sicher gelten, sobald man mit geeigneten Testverfahren
(„tests which are appropriate") herausgefunden hat, dass dieser Stoff Krebs erzeugt
(„induce cancer").

Das Gesetz wurde nur selten angewandt, da die Aussagen „induce cancer" und „tests
which are appropriate" undefiniert bleiben. (vgl. O'Brien Nabors 2001, S.7)

Aufgrund dieser Klausel und mehreren Tierversuchen mit extrem hohen Konzentrationen, in denen Blasentumore an Ratten aufgetreten waren, wurden jedoch 1970 das Cyclamat[1] und 1977 das Saccharin in den USA verboten. Mehrere Staaten schlossen sich
dieser Entscheidung an, jedoch nicht Deutschland.

Schon vor den Verboten wurden weitere Süßstoffe entdeckt. Die Forschungen an Süßstoffen und die Suche nach neuen sind durch das amerikanische Verbot von Saccharin
und Cyclamat noch verstärkt worden.

Die Versuche, die zu den Verboten führten, wurden damals schon angezweifelt. Anderen Studien hatten gezeigt, dass hoch dosierte Einnahmen von Natriumsalzen anderer
organischen Säuren ebenfalls Blasenkrebs fördern. (vgl. Danzell 1996, O'Brien Nabors
2001, S.161)

Später wurden die amerikanische Reglementierungen präzisiert, denn 1982 wurde das
„Redbook" herausgegeben, das die Testverfahren für Nahrungsmittelzusatzstoffe regelt.

---

[1] Es handelt sich eigentlich um verschiedene Salze der Cyclohexylsulfamidsäure, die zusammen als Cyclamat (Sing.) bezeichnet werden.

Eine Aktualisierung fand 1993 mit dem „Redbook II" statt. Im Redbook stehen sämtli-
che Richtlinien, die bei Versuchen zur Toxizität eines Nahrungsmittelzusatzstoffes be-
achtet werden müssen. (vgl. US Food and Drug Administration 1993, S.1)
Seitdem fanden viele weitere Studien mit Saccharin und Cyclamat statt. Der Verdacht,
krebserregend zu sein, konnte für das Saccharin nicht erhärtet werden, weshalb in den
USA das Saccharin 1987 eingeschränkt und 2002 ohne gesonderte Einschränkung wieder zugelassen wurde. (vgl. Danzell 1996, S.227) Cyclamat bleibt in den USA vorerst
weiterhin verboten.


Das Dipeptid Aspartam wurde bereits 1965 wiederum durch einen Zufall von Schlatter
entdeckt und 1967 entdeckten Clauss und Jensen das Acesulfam K. Die Herstellung von
Neohesperidin Dihydrochalcon (im weiteren Text als NHDC bezeichnet) wurde von
Horowitz und Gentili erstmals 1969 beschrieben.
Die ‚alten' Süßstoffe (Saccharin, Cyclamat, Ultrasüß, Dulcin) wurden größtenteils von
Diabetikern konsumiert. Die neueren Süßstoffe haben allerdings einen deutlich besseren
Geschmack, so dass seit den 70er Jahren Süßstoffe auch bei anderen Konsumenten An-
klang fanden und seitdem unter anderem in kalorienreduzierter Nahrung eingesetzt
werden. Man erkannte, dass Süßstoffe nicht nur für Diabetiker einen sehr guten Ersatz
für Zucker darstellen können.
Das Geschäft mit den Süßstoffen hat in den 80er Jahren sehr zugenommen. Das Handelsvolumen des Aspartams zum Beispiel erreichte über eine Milliarden US $. (vgl.
McCann 1990)


Diese Entwicklungen führten zur weiteren Erforschung der Süßstoffe. Seitdem sind
viele Süßstoffe entdeckt und auch viele wieder zu den Akten gelegt worden, denn wirtschaftlich interessieren nur die Süßstoffe, die auf dem freien Markt bestehen können.
Sie müssen eine hohe Süßkraft (siehe Kapitel 5.2.1) besitzen, einen Süßgeschmack ähnlich wie Zucker haben und vor allem billig in der Herstellung sein, wodurch sie eine
rasche Amortisierung und potentiellen Profit versprechen. Denn die Untersuchungen
vor der Zulassung sind sehr aufwendig und kosten sehr viel Geld. Süßstoffe, die diesen
Anforderungen nicht entsprechen, finden meist nur kurz Beachtung in wissenschaftlichen Publikationen.

Die Süßstoffe der nächsten Generation (Sucralose, Alitam, Neotam und Thaumatin), man könnte sie auch die Süßstoffe der 3. Generation nennen, stehen kurz vor der Zulassung oder sind bereits in einigen Ländern zugelassen.

Der Zeitraum, welcher von der Entdeckung bis zur Zulassung verstreicht, beträgt mehr als 20 Jahre und daher ist die Entwicklung in diesem Bereich sehr schwer vorherzusagen.

Die Forschung in den letzten Jahren war sehr rasant und es ist nicht abzusehen, welche Süßstoffe, die heute entdeckt werden, den Sprung zur Anwendung schaffen werden.

Dementsprechend werde ich in dieser Arbeit keine der absolut neuesten Süßstoffe vorstellen.

# 3    Geschmacksmodelle

Bereits die alten Philosophen haben sich Gedanken darüber gemacht, woher der Geschmack stammt. Alkmaion (ca. 500 v. Chr.) war der Meinung, es müsse Poren in der Zunge geben, durch die die Empfindungen des Geschmacks in das Gehirn gelängen und Aristoteles teilte den Geschmack in gegensätzliche Geschmacksrichtungen ein, süß gegenüber bitter und ölig gegenüber salzig. Die neuren Modelle beschreiben die Geschmacksrichtungen mit Hilfe grafischer Darstellungen. So haben Haefeli und Glaser 1985 eine sphärische Abbildung gewählt. (Corti 1999, S.21)

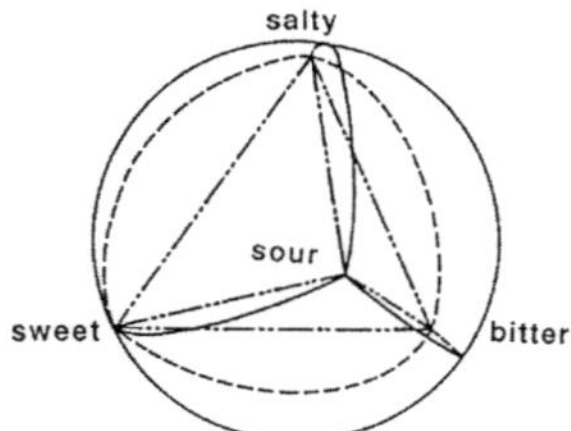


**Abbildung 3.1: Sphärisches Modell von Haefeli und Glaser (Corti 1999, S.23)**

In den letzten Jahren hat sich das Wissen vermehrt und die Forschungsmöglichkeiten haben sich verbessert, man versucht mehr über die Entstehung des Geschmacks, mehr über die Poren des Alkmaion herauszufinden. Im Rahmen dieser Arbeit ist der ‚Süße' Geschmack von besonderer Bedeutung.

Zwischen den süßen Stoffen wird versucht chemische und physiologische Gemeinsamkeiten zu finden, um vielleicht irgendwann einen perfekten Süßstoff entwickeln zu können. Im Laufe der Zeit wurden mehr süße Stoffe gefunden und die Vergleichsmethoden sind besser geworden. Den Erkenntnissen entsprechend sind auch die Modelle weiterentwickelt worden.

## 3.1 Rezeptoren

Rezeptoren sind die Punkte, an denen die Wahrnehmung des Menschen beginnt. Sie reagieren meist sehr spezifisch, denn ihre Reaktion entscheidet darüber, welcher Stoff einen Reiz auslösen kann, soll oder muss. Nach den Rezeptoren findet nur noch eine Weiterleitung eines elektrischen Potentials statt, eine Qualitätsbewertung können die Nervenfasern nicht mehr vornehmen.

Für die Suche nach neuen Süßstoffen ist es wichtig zu wissen, wie ein Rezeptor für den süßen Geschmack aussieht. Erst eine genaue Kenntnis des Rezeptors ermöglicht gezielte Manipulationen am Geschmacksempfinden. Leider ist es noch niemandem gelungen einen Rezeptor zu isolieren, deshalb bleibt nur die Möglichkeit die Strukturen der Reizauslösenden Stoffe miteinander zu vergleichen, um so ein Modell zu erstellen.

Der erste wichtige Schritt zum heutigen Modell eines Rezeptors war das Modell von Schallenberger und Acree.

## 3.2 Modell von Schallenberger und Acree

> „Verbindungen können süß schmecken, wenn sie ein System aus Protonendonator und -akzeptor, ein so genanntes AH-B-System enthalten, in dem der Abstand beider Gruppen etwa 0,3nm betragen muss." (Bartholome 1982)

Man nimmt an, dass Donator (AH) und Akzeptor (B) des Rezeptors mit entsprechendem Akzeptor und Donator im Süßstoffmolekül in Wechselwirkung treten müssen, um bei der Rezeptorzelle einen Reiz auszulösen.

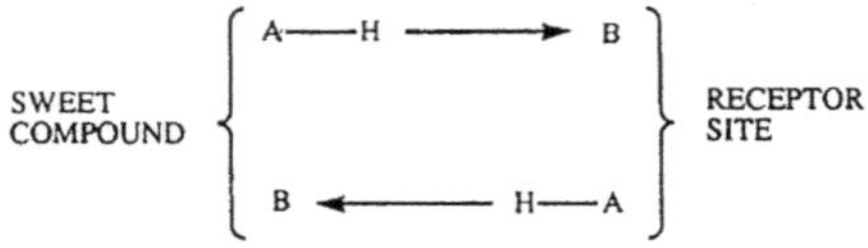

SWEET COMPOUND

A——H ————→ B

B ←———— H——A

RECEPTOR SITE

**Abbildung 3.2: Rezepteormodell nach Schallenberger und Acree (Corti 1999, S.25)**

Der Süßstoff muss dafür bestimmte Elektronenverteilungen, bzw. -dichten besitzen, die nicht verschoben werden dürfen. Dies kann durch angehängte Gruppen geschehen, selbst wenn sie weit vom AH-B-System entfernt sind. Leider war das Modell kein zuverlässiger Indikator für das Auftreten eines Süßgeschmacks. (Bartholome 1982)

## 3.3 Modell von Kier

1972 erweiterte Kier das Modell von Schallenberger und Acree und beschrieb einen dritten Bindungsbereich. Dieser wurde mit X bezeichnet, welches eine hydrophobe Gruppe darstellt, die zu den beiden anderen Gruppen in einem bestimmten Winkel und Abstand stehen muss.

Da dieses Modell ebenfalls nicht vollständig war, wurde es mehrfach erweitert und verändert bis zum Modell von Nofre und Tinti.

## 3.4 Modell von Nofre und Tinti

Im Modell von Nofre und Tinti, wird Kiers ‚X' mit ‚G' (siehe Abbildung 2.3) bezeichnet und es kamen noch weitere fünf Bindungsbereiche (D, Y, XH, $E_1$, $E_2$) hinzu. Sie alle haben eine bestimmte räumliche Anordnung mit festgelegten Abständen zueinander.

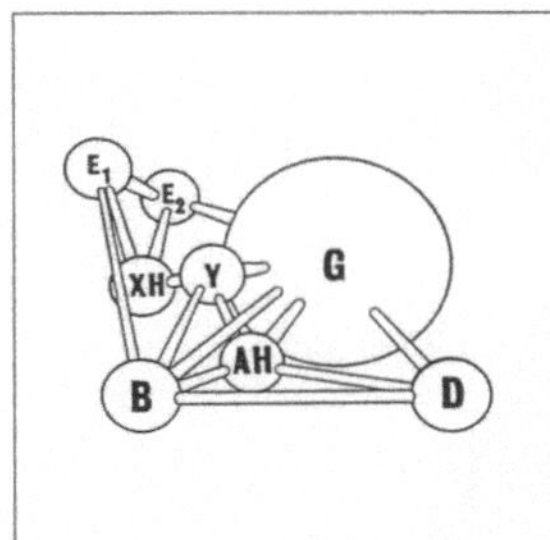

**Abbildung 3.3: Rezeptormodell nach Nofre und Tinti (Corti 1999, S.25)**

Nachdem Nofre und Tinti zu den drei bekannten Bindungsstellen von Kier das Modell um eine vierte erweitert haben, konnten sie anhand dieses Modells eine der süßesten Verbindungen, die man kennt, synthetisieren. Diese Verbindung trägt den Namen Sucrononat und hat eine Süßkraft (siehe Kapitel 5.2.1) von 200 000:

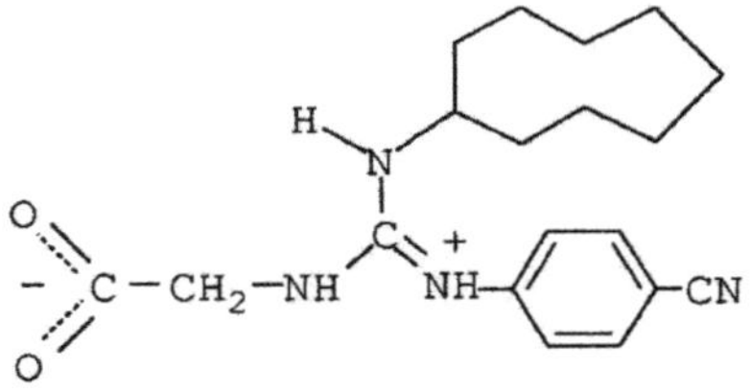

**Abbildung 3.4: Sucrononat: N-[N-cyclononylamino(4-cyanophenylimi-no)methylglycine (Tinti 1991, S.207)**

Daraufhin haben sie weitere unterschiedliche Süßstoffe und süße Stoffe betrachtet und ihr Modell um die restlichen vier Bindungsbereiche erweitert.

Nofre und Tinti postulierten außerdem unterschiedliche Punkte, an denen die Süßstoffe mit dem Rezeptor interagieren können, und entsprechende Aminosäuren, die an diesen Stellen den Süßstoff erkennen. (vgl. Corti 1999, S.26)

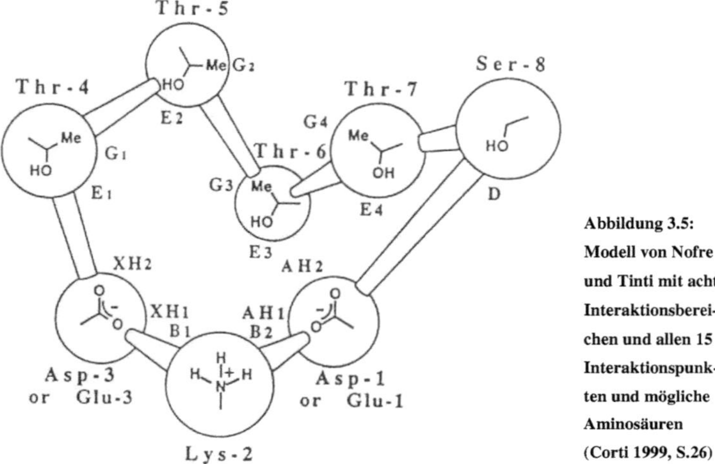



**Abbildung 3.5: Modell von Nofre und Tinti mit acht Interaktionsbereichen und allen 15 Interaktionspunkten und mögliche Aminosäuren (Corti 1999, S.26)**

Die meisten Süßstoffe können nicht mit sämtlichen Bindungsbereichen des Rezeptors interagieren. Die unterschiedlichen Möglichkeiten, verschiedene Bindungsbereiche zu belegen, verursachen vermutlich die Unterschiede in der Süßkraft. Die Süßstoffe mit der größten Süßkraft (bernadame, crononate und lugduname (engl.)) haben zum Beispiel alle den Interaktionspunkt D (vgl. Corti 1999, S.27), andere weniger süße Süßstoffe nicht. Saccharose hat entsprechend keinen Interaktionspunkt D, aber dafür andere, die in Abbildung 3.6 dargestellt sind.

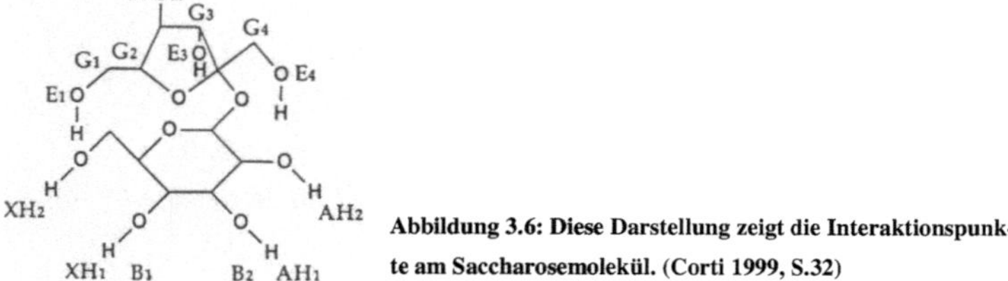



**Abbildung 3.6: Diese Darstellung zeigt die Interaktionspunkte am Saccharosemolekül. (Corti 1999, S.32)**

Im Rahmen dieser Arbeit möchte ich jedoch nicht weiter auf die Interaktionspunkte der Süßstoffe mit dem Rezeptormodell eingehen.

# 4 Definitionen

## 4.1 Süßungsmittel

In der deutschsprachigen Fachliteratur gibt es keinen offiziellen Oberbegriff für Zuckeraustauschstoffe, Süßstoffe und alles andere, was zum Süßen von Speisen verwendet werden kann. Deshalb möchte alle Stoffe, die zum süßen von Speisen verwendet werden können unter dem Begriff Süßungsmittel zusammenfassen. Dazu zählen Honig, Sirupe, Saccharose (Zucker), Stärkeverzuckerungsprodukte, Lactose, Glucose, Fructose sowie alle weiteren Mono-, Di- und Polysaccharide, Mono- und Disaccharidalkohole wie auch alle Süßstoffe,
Im englischen werden die Süßungsmittel als Sweetener bezeichnet.

## 4.2 Süßstoffe

Süßstoffe sind natürliche oder synthetische, intensiv süß schmeckende Verbindungen, die keinen oder nur einen vernachlässigbaren Brennwert aufweisen (vgl. Bartholome 1982, Römpp 1996-1999) Im Gegensatz zu Zuckeraustauschstoffen besitzen sie keinen ‚Körper' sondern nur reine Süße. Als Körper wird das im Mund empfundene Volumen bezeichnet.
Die Süßstoffe werden im Englischen als ‚high-intensity sweetener' bezeichnet. (vgl. Jäger 1992, S.13)

## 4.3 Zuckeraustauschstoffe

Zu den Zuckeraustauschstoffen zählen nur Süßungsmittel, die nicht insulinabhängig verstoffwechselt werden.
Entweder werden sie nicht verstoffwechselt, wie Fructose direkt in der Darmwand verbraucht, ohne auf den Insulinspiegel des Blutes einzuwirken, oder sie werden über einen anderen Weg verstoffwechselt, wie zum Beispiel Xylit über den Pentosephosphat-Stoffwechsel. (vgl. Belitz 2001, S.176)

In der Nahrungsmittelproduktion werden sie außerdem wie Zucker behandelt, was bedeutet, dass sie eine annähernd gleiche Süßkraft besitzen wie Zucker und folglich in ähnlichen Mengen eingesetzt werden.

Als Zuckeraustauschstoffe gelten Mono- und Disaccharidalkohole sowie Fructose.

Außer dem Vorteil, dass sie für Diabetiker geeignet sind, unterstützen sie die Karies verursachende Bakterien nicht (Großklaus 1988) und für Xylit ist zum Beispiel sogar eine antikariogene Wirkung beschrieben. (vgl. Römpp 1996-1999)

Im Englischen werden Zuckeraustauschstoffe nach ihrer Funktion benannt, sie geben Volumen, bzw. Körper und heißen entsprechend ‚bulk sweetener' oder ‚bulking sweetener'. (vgl. Jäger 1992, S.13)

Da aber eine Auflistung aller Zuckeraustauschstoffe den Rahmen dieser Arbeit sprengen würde, gebe ich nur eine kurze Einteilung in die beiden wichtigsten Gruppen.


### 4.3.1  Zuckeralkohole

Zuckeralkohole sind Polyole und werden durch Reduktion (z.B. katalytische Hydrierung) von Zuckern gewonnen. Aus Glucose wird Sorbit, aus Mannose wird Mannit und aus Xylose wird Xylit. Zuckeralkohole kommen auch in der Natur vor.

$$
\begin{array}{c}
CH_2\!-\!OH \\
| \\
HO\!-\!C\!-\!H \\
| \\
HO\!-\!C\!-\!H \\
| \\
H\!-\!C\!-\!OH \\
| \\
H\!-\!C\!-\!OH \\
| \\
CH_2\!-\!OH
\end{array}
$$

**Abbildung 4.1: Strukturformel von Mannit (Römpp 1996-1999)**

In der Nahrungsmittelindustrie werden sie in Speisen für Diabetiker als Süßungsmittel und aufgrund ihrer teilweise hygroskopischen Eigenschaft als Feuchthaltemittel eingesetzt. Ihre Süßkraft entspricht annähernd der von Saccharose.

| Süßungsmittel | Süßkraft | |
|---|---|---|
| **Glucose** | **1** | (**Standard**) |
| Sorbit | 0,4-0,5 | |
| Mannit | 0,4-0,5 | |
| Xylit | 1 | |

**Tabelle 4.1: (Baltes 2000, S. 179)**

Durch ihre hygroskopische Eigenschaft bedingt, haben Zuckeralkohole in größeren Mengen eine laxierende Wirkung. (vgl. Baltes 2000, S.177)

### 4.3.2  Andere Zucker

Zu den Zuckeraustauschstoffen zählen auch weitere Zucker, die alle ebenfalls nicht oder nur sehr gering auf den Blutzuckerspiegel wirken. Einige davon kommen natürlich vor, wie Fructose, andere müssen, wie z.B. Leucrose über enzymatische Isomerisierung, hergestellt werden.
Unter der Bezeichnung Lev-O-Cal wurde die Zulassung für ein Gemisch aus Zuckern mit L-Konfiguration, die weder verdaulich noch kariogen sind, in den USA beantragt,. (Baltes 2000, S178)

Nähere Informationen zu Zuckeraustauschstoffen findet man in diversen weiteren Quellen wie zum Beispiel in Saltmarsh 2000, Danzell 1996 und O'Brien Nabors 2001

## 4.4    Unterschiedliche Definitionen in der englischen Sprache

Bei den vorhergehenden Definitionen habe ich bereits erwähnt, dass diese in der englischen Sprache zum Teil etwas verschieden von den deutschen sind. An dieser Stelle möchte ich noch einmal deutlich auf diese Unterschiede hinweisen.
Die englische Übersetzung ‚sweetener' womit im Allgemeinen der Begriff Süßstoffe übersetzt wird, ist nicht ganz richtig. In vielen Lexika, zum Beispiel dem Langenscheidts Taschenwörterbuch Englisch (Messinger 1990), wird der Begriff übersetzt, ohne dass eine Einteilung vorgenommen wird.

Bei meiner Literaturrecherche habe ich als erstes bemerkt, dass unter dem Begriff ‚sweetener' Stoffe aufgelistet waren, welche nach der deutschen Definition nicht in den Bereich der Süßstoffe fallen.

Richtigerweise müsste man den Begriff ‚sweetener' mit ‚Süßungsmittel' übersetzten. Im Englischen wird sprachlich nur durch Zusätze zwischen Zuckeraustauschstoffen und Süßstoffen unterschieden. Zuckeraustauschstoffe werden nach ihrer Funktion benannt, sie geben Volumen bzw. Körper und heißen entsprechend ‚bulk sweetener' oder ‚bulking-sweetener' und die Süßstoffe werden als ‚high-intensity sweetener' bezeichnet. (Jäger 1992, S.13)

Dies kann bei unkorrekter Verwendung schnell zu Missverständnissen führen. (siehe Kapitel 7.3)

# 5 Süßstoffe

## 5.1 Einteilungen Süßstoffe

Um die Süßstoffe überhaupt einteilen zu können, müssen die Namen der Stoffe eindeutig zugeordnet werden, da die Süßstoffe zum Teil sehr viele unterschiedliche Namen haben und eine Auswahl getroffen werden muss, unter welchem Namen, die Süßstoffe in dieser Arbeit aufgelistet werden. Eine Tabelle mit allen gefundenen Namen jeweils mit dem Hinweis, wo der entsprechende Süßstoff zu finden ist, befindet sich in Kapitel 8 vor den Steckbriefen. Im gesamten Text habe ich die von mir festgelegten Namen durchgängig verwendet.

Für einen guten Überblick ist eine Einteilung der Süßstoffe in verschiedene Gruppen nötig. Süßstoffe können nach vielen Gesichtspunkten eingeteilt werden. Jede physikalische und physiologische Eigenschaft könnte zur Einteilung verwendet werden. Viele dieser Einteilungen sind in diesem Zusammenhang allerdings nicht nützlich. Einteilungen zum Beispiel nach dem pH-Wert, bei dem die Verbindung bei der Zubereitung von Speisen am stabilsten ist, nützen nur dem Lebensmitteldesigner und geben keinen für diese Arbeit verwertbaren Überblick über die Süßstoffe.

Es gibt zwei Einteilungsmöglichkeiten, die für einen Überblick nützlich sein können. Jede für sich reicht jedoch nicht aus, um einen Gesamtüberblick zu geben. Man muss beide zusammen betrachten.

Die erste Einteilung, die ich darstellen möchte, ist jene nach der Zulassung. Die Zulassung bietet bereits einen Hinweis auf die Eigenschaften, zum Beispiel der Toxizität oder auch der Stabilität. Zugelassene Stoffe dürfen nicht toxisch sein und müssen vergleichsweise stabil sein.

Es gibt sehr viele Süßstoffe, von denen aber nur wenige zugelassen sind. Süßstoffe werden nicht automatisch international zugelassen, da die meisten Länder ihre eigenen Bestimmungen und Zulassungsbehörden haben. Unter ‚zugelassene Süßstoffe' habe ich daher die Süßstoffe aufgelistet, die in mindestens einem Land zugelassen sind.

| zugelassene Süßstoffe | nicht zugelassene Süßstoffe |
| --- | --- |
| Acesulfam K* | Brazzein |
| Alitam | Dulcin |
| Aspartam* | Hernandulcin |
| Cyclamat* | Hesperidin |
| Neoherperidin Dihydrochalkon* | Monellin |
| Neotam | Naringin Dihydrochalkon |
| Saccharin* | Osladin |
| Steviosid | Pentadin |
| Sucralose | Perillartin |
| Thaumatin* | Phyllodulcin |
| | Sucrononat |
| | Superaspartam |
| | Ultrasüß |
| | und alle anderen Süßstoffe |

**Tabelle 5.1 Die mit * gekennzeichneten Süßstoffe sind in der EU zugelassen. (vgl. Kapitel 8)**

Um diese Einteilung gründlich zu machen, müsste eigentlich diese Liste noch weiter untergliedern werden und jedem Süßstoff müssten diejenigen Länder zugeordnet werden, in dem er zugelassen ist, oder es müsste für alle ca. 150 Länder der Erde eine jeweilige Auflistung geben, welche Süßstoffe in dem jeweiligem Land zugelassen sind. So eine Aufteilung ist aufgrund mangelnder Übersichtlichkeit wenig sinnvoll und würde den Rahmen dieser Arbeit sprengen.

Die zweite Einteilung kann nach Stoffklassen vorgenommen werden, wobei eine Aufspaltung in sehr viele Stoffklassen erfolgt. Vielen Gruppen lässt sich dabei nur ein einziger Süßstoff zuordnen, aber einige Süßstoffe können auch mehreren Gruppen zugeordnet werden, zum Beispiel NHDC ist sowohl ein Glycosid als auch ein Flavonoid. Die größten Gruppen sind: Terpenoide, Flavonoide und Proteine. Zu ihnen gehören vor allem die aus Pflanzen gewonnenen Süßstoffe.

Folgende Gruppen können gebildet werden:

- Acesulfame bzw. Oxathiazinondioxide (Acesulfam-K)
- Chlorierte Zucker (Sucralose)
- Dihydrochalcone (NHDC, Naringin Dihydrochalcon)
- Dipeptide (Aspartam, Alitam, Neotam)
- Diphenyle oder Isocumarine (Phyllodulcin)
- Diterpene (Steviosid (siehe Stevia))
- Flavonoide (Hesperidine, NHDC, Naringin Dihydrochalcon)
- Glykoside (Naringin Dihydrochalcon, NHDC, Steviosid)
- N-Cyclononylguanidine (Sucrononat, Lugduname, Crononate, Bernadame)
- Nitroaniline (Ultrasüß)
- Oxime (Perillartin)
- Proteine (Thaumatin, Brazzein, Monellin, Pentadin)
- Saccharine (Saccharin)
- Sesquiterpene (Hernandulcin)
- Steroidsaponine (Osladin)
- Sulfamate oder Sulfamidsäuren (Cyclamat)
- Triterpene (Glycyrrhizin)
- Harnstoff Derivate (Dulcin, Suosan)

Tabelle 5.2 (vgl. Corti 1999,<br>S.29, Kinghorn 2002, S. 6)

Beide Einteilungen finden in der Literatur Verwendung, sind aber einzeln betrachtet nicht optimal, um einen umfassenden Überblick über die Süßstoffe zu schaffen. Ich habe mich entschlossen, die Steckbriefe der Süßstoffe alphabetisch aufzulisten und hier die weiteren Einteilungsmöglichkeiten darzustellen. Erst wenn man beide Einteilungsmöglichkeiten miteinander kombiniert und vergleicht, erhält man einen Überblick, den man als ausreichend betrachten kann.

## 5.2    Eigenschaften

Süßstoffe haben viele unterschiedliche Eigenschaften, die meisten, die in Bezug zu ihrer Funktion als Süßstoff stehen, sind in diesem Unterkapitel dargestellt. Die Synergieeffekte habe ich wegen ihrer besonderen Bedeutung in einem eigenen Kapitel beschrieben.

### 5.2.1    Süßkraft

Das Geschmackserlebnis der Süße eines Süßstoffs hängt von mehreren Parametern ab. Je nach pH-Wert, Temperatur, Viskosität und Konzentration ist das Geschmacksempfinden unterschiedlich. Aber auch die Umgebung (die weiteren Zutaten, auch Matrix genannt) der Süßstoffe in den Speisen oder Getränken kann die Süße verändern. Der Süßgeschmack des Cyclamats zum Beispiel wird besonders durch Früchte verstärkt, deshalb wird zur Süßung von Dosenfrüchten eingesetzt.

Aber wie süß ist ein Süßstoff im Vergleich? Zu dieser Frage wurden verschiedene Möglichkeiten in der Literatur vorgeschlagen. Man findet den ‚Süßungsgrad', den ‚molekularen Süßungsgrad', die ‚Süßungseinheit', die ‚Schwellenkonzentration' oder die ‚maximale Unterschiedsschwellenzahl' (Jäger 1992, S.17ff). Am häufigsten wird die ‚Süßkraft' angegeben.

Die Süßkraft ist definiert als der Faktor, „um den bei gleicher Süße eine Saccharose-Lösung konzentrierter ist, als eine Lösung des Süßstoffs". (Bartholome 1982, S.354) Für die Bestimmung der Süßkraft müssen sensorische Untersuchungen durchgeführt werden, instrumentelle Messverfahren existieren dafür nicht. (Lipinski 1990a, S.94) Das heißt, dass die Süße nur ein subjektiver empirischer Faktor ist, der mit Hilfe von Testpersonen festgestellt werden muss.

Der Vorteil der Süßkraft gegenüber anderen Vergleichsmethoden ist, dass die Süßkraft die einzige Einheit ist, bei der die Höhe der Vergleichskonzentration den Wert beeinflusst. Die anderen Methoden beziehen sich immer auf eine Standardkonzentration. Wichtig ist, bei jeder Angabe der Süßkraft die Konzentration der Saccharose-Lösung anzugeben, da mit höherer Konzentration die Süßkraft fällt und die Süße einem Grenzwert entgegen zu streben scheint.

Der Nachteil der Süßkraft ist, dass in der Literatur leider nur selten die Konzentration der Saccharose-Lösung tatsächlich auch angegeben wird. In der Regel werden die Vergleichswerte auf eine 0,1 molare oder 3 bis 4 Gew. % Saccharosekonzentration bezogen (Jäger 1992, S.18f). Doch gibt es innerhalb der Fachliteratur eine große Diskrepanz bezüglich der Angaben, was eventuell die immensen Abweichungen der Süßkraft erklären könnte. Beispiele für diese starken Abweichungen
sind die Süßstoffe NHDC und Saccharin.

| Süßstoff | Süßkraft |
|---|---|
| Cyclamat | 20–50 |
| Glycyrrhizin | 50 |
| Dulcin | 70–350 |
| Acesulfam-K | 80–250 |
| Aspartam | 100–200 |
| Steviosid | 100-300 |
| Saccharin | 200–700 |
| Phyllodulcin | 250 |
| Naringin-Dihydrochalkon | 250–350 |
| Suosan | 300-700 |
| NHDC | 400–2000 |
| Osladin | 500 |
| Pentadin | 500 |
| Sucralose | 600 |
| Hernandulcin | 1250 |
| Monellin | 1500–2500 |
| Brazzein | etwa 2000 |
| Perillartin | 2000 |
| Thaumatin | 2000-100000 |
| Ultrasüß | 6000 - 10000 |
| Neotam | bis 8000 |
| Sucrononat | 200000 |

Die Süßkraft ist auch nur als relative Angabe zu betrachten, es gibt keine absoluten Werte. In der nebenstehenden Tabelle habe ich die Süßstoffe mit den gefundenen Werten ihrer Süßkraft aufgelistet. Der Einfachheit halber besteht in dieser Tabelle keine Unterscheidung zwischen den Süßkräften mit und denen ohne Konzentrationsangaben. Die zum Teil sehr großen Differenzen sind deutlich zu erkennen.

**Tabelle 5.3 Süßstoffe mit Süßkraft**

### 5.2.2 Refreshment

Als Refreshment wird ein kühlendes Gefühl auf der Zunge bezeichnet, welches durch eine negative Lösungsenthalpie entsteht. Beim Lösen dieses Stoffes wird Energie benötigt, die aus der Umgebung bezogen wird, so dass das umliegende Gewebe dabei gekühlt wird. Dieser Vorgang tritt zum Beispiel bei Neohesperidin Dihydrochalkon auf, wenn es in fester Form in einem Kaugummi verwendet wird. Das Geschmackserlebnis kann mit dem von Menthol verglichen werden. (Jäger 1992, S. 94)

### 5.2.3 Geschmacksverstärkung

Einige Süßstoffe haben wie Zucker die Eigenschaft, geschmacksverstärkend zu wirken. Beispielsweise bei Thaumatin ist diese Eigenschaft so stark ausgeprägt, dass es in den USA nicht als Süßstoff, sondern als Geschmacksverstärker zugelassen ist. (siehe Kapitel 8.22)

Miraculin hat in diesem Zusammenhang eine ‚wundersame' Eigenschaft, es selbst schmeckt erst süß, wenn es mit einem sauren Geschmack verbunden wird. Zitronensaft schmeckt in einem mit Miraculin gespultem Mund wie gesüßter Zitronensaft. (Belitz 2001, S.430)

## 5.3   Verwertung im Körper

Wie bereits dargestellt, stammen die Süßstoffe aus sehr vielen chemischen Gruppen. Entsprechend viele Möglichkeiten der Verstoffwechselung gibt es. Einige, wie zum Beispiel Sucralose, werden unverändert ausgeschieden, andere werden vollständig abgebaut und verwertet, wie zum Beispiel Aspartam oder die Proteine. Deren Nährwert von 17,2 J/g (Schlieper 1988) kann man vernachlässigen, da die Süßstoffe nur in sehr geringen Mengen eingesetzt werden und in Relation zum Nährwert des Zuckers, von dem erheblich größere Mengen ersetzt werden, verschwindend gering ist.

Bei den neueren, nicht zugelassenen Süßstoffen ist der Abbau teilweise noch nicht aufgeklärt. Bei den zugelassenen Süßstoffen können Probleme bei der Verwertung in der Regel nur bei starker Überdosierung auftreten. (mehr dazu im Kapitel 7)

Soweit etwas über die Verwertung bekannt ist, ist dies in den Steckbriefen der einzelnen Süßstoffe aufgelistet worden. (siehe Kapitel 8)

## 5.4  Anwendungen

Theoretisch können Süßstoffe in jeder zubereiteten Speise oder jedem Getränk, in dem ein süßer Geschmack erwünscht oder notwendig ist, eingesetzt werden. Es gibt aber mehrere Gründe, die dagegen sprechen.

1. Süßstoffe sind chemische Verbindungen, deren Wirkung auf den menschlichen Organismus sich zwar immer besser abschätzen lässt, aber mit endgültiger Sicherheit kann man ein Restrisiko nicht ausschließen. Besonders Säuglinge und Kleinkinder müssen vor diesem Risiko geschützt werden, weshalb Süßstoffe in Säuglingsnahrung gemäß EU-Recht gänzlich verboten sind. (vgl. Richtlinie der Kommision 2003, Artikel 5, Absatz 1)

2. Einige Lebensmittel werden in größeren Mengen konsumiert, so dass die ADI-Werte (akzeptable tägliche Dosis, vgl. Kapitel 7.1) der Süßstoffe leicht überschritten werden und eventuelle Nebenwirkungen auftreten können, wobei dies insbesondere für Getränke wie Limonaden und Fruchtnektare gilt. Deshalb ist der Einsatz beschränkt und Getränke mit Süßstoffen müssen als diätisches Lebensmittel gekennzeichnet werden. (vgl. Jäger 1992, S.103)

3. Der Geschmack der Süßstoffe entspricht nicht vollständig dem des Zuckers, auch Mischungen erreichen nicht den „goldenen Standard". Die Geschmackserwartungen an bestimmte Produkte können von Süßstoffen deshalb nicht immer voll erfüllt werden.

4. Auch in anderen Bereichen setzt Saccharose den goldenen Standard, so besitz es ein bestimmtes Volumen, Körper und beim Erhitzen verursachen die Zersetzungsprodukte eine spezifische Färbung. Diese Eigenschaften besitzen Süßstoffe nicht, was zum Beispiel in Backwaren fehlt.

Des Weiteren stehen die Konsumenten den Lebensmittelzusatzstoffen spätestens seit Mitte der 70er Jahre skeptisch gegenüber. Damals wurden von unbekannten Autoren gefälschte E-Nummern-Listen verbreitet, in denen sehr stark vor den Zusatzstoffen gewarnt wurde. So wurde zum Beispiel E 330, die Zitronensäure, und weitere eher harmlose Substanzen als krebserregend eingestuft und auch E 605[2], welches ein hochgiftiges Pflanzenschutzmittel ist und nicht mit den Lebensmittelzusatzstoffen in Verbindung steht, wurde in diesem Zusammenhang genannt. (vgl. Diehl 2000, S.231) Auch die Auflistung der Lebensmittelzusatzstoffe in der Broschüre der Verbraucher-Zentrale Hamburg „Was bedeuten die E-Nummern?" verbessert dieses negative Image nicht. (vgl. Diehl 2000, S.232ff) (weiteres siehe Kapitel 7)

Die Lebensmittelindustrie versucht seitdem das schlechte Image der Lebensmittelzusatzstoffe aufzubessern und die Akzeptanz der Konsumenten wieder herzustellen.

---

[2] E 605 erhielt diesen Namen vom Hersteller, lange bevor die E-Nummmern eingeführt wurden. (Diehl 2000, S.231)

# 6    Synergismus

Wie ich bereits im Kapitel Süßstoffe geschrieben habe, möchte ich in diesem Kapitel näher auf die Geschmacksverstärkung und Verbesserung, Synergismus genannt, eingehen.

Kein Süßungsmittel erfüllt alle erwünschten Kriterien, auch Saccharose, der ‚goldene Standard', mit dem alle Süßungsmittel immer wieder verglichen werden, ist nicht perfekt. Zucker steht im Verdacht, Diabetes Typ II zu verursachen, außerdem fördert ein großer Zuckerkonsum Übergewicht und ist schädlich für die Zähne, denn Zucker Nahrungsmittel für kariesverursachende Bakterien.
Auf Süßstoffe trifft dies alles nicht zu. Dafür werden sie vom Körper in größeren Mengen nicht so vertragen wie Zucker (vgl. Kapitel 7) und haben auch nicht den gleichen Geschmack. Außerdem haben sie zum Teil auch noch einen leichten Nebengeschmack, einen verzögerten Geschmack oder andere Nachteile wie zum Beispiel ein mangelndes Volumen, das für einige Verwendungszwecke notwendig ist.

Um die gewünschten Eigenschaften eines idealen Süßungsmittels zu erreichen, hat man schon früh begonnen, Mischungen der verschiedenen Süßstoffe herzustellen.
Eine der ersten Mischungen bestand aus Saccharin und Dulcin, eine weitere, die auch heute noch gerne verwendet wird, ist eine Mischung aus Saccharin und Cyclamat. Die neueren Mischungen bestehen aus zwei, drei oder mehr Süßstoffen und Zuckeraustauschstoffen. Dies wird auch „Multi-Sweetener Concept" genannt. (Lipinski 1990b)

Bei vielen Mischungen der Süßstoffe werden zwei unterschiedliche Synergieeffekte, „Vorteile, die aus der Zusammenarbeit bestehen" (Bünting 1993), beobachtet, den quantitativen Synergismus und den qualitativen Synergismus, worauf in den nächsten Kapiteln näher eingegangen wird.

## 6.1    Quantitativer Synergismus

Der quantitative Synergismus ist besonders mit wirtschaftlichen Interessen verknüpft. Er bezeichnet ein Zusammenwirken der Süßstoffe in Bezug auf ihre Süßkraft.

Bei einer Mischung zweier Süßstoffe liegt die Süßkraft der Mischung deutlich über der der einzelnen Süßstoffe, wie in Abbildung 6.1 zu sehen ist. Mit einem Gemisch der Süßstoffe lässt sich also mit weniger Süßstoff die gleiche Menge Saccharose ersetzen.

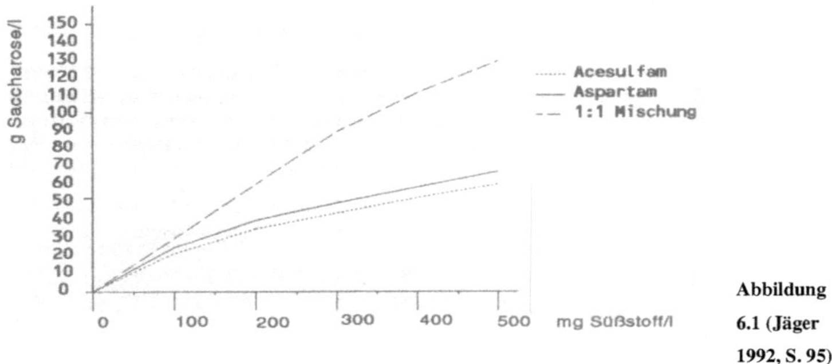


**Abbildung 6.1 (Jäger 1992, S. 95)**

Bei dem in Abbildung 6.1 gezeigtem Beispiel ‚Acesulfam K und Aspartam' beträgt die Verstärkung im Vergleich zu den einzelnen Süßstoffen bis zu 100 Prozent. Damit kann in der Produktion die Süßstoffmenge halbiert werden, woraus eine große Kostenersparnis resultiert.

Am ausgeprägtesten ist diese synergistische Geschmacksverstärkung in der Regel, wenn die Süßstoffe etwa gleich zur Süße der Mischung beitragen, also im umgekehrten Verhältnis ihrer Süßkräfte eingesetzt werden. (vgl. Jäger 1992, S94f)

Beispiele dafür sind:

| | |
|---|---|
| Acesulfam K und Aspartam | 1:1 |
| Acesulfam K und Cyclamat | 1:5 |
| Aspartam und Saccharin | 2:1 |
| Aspartam und Cyclamat | 1:4 |
| Cyclamat und Saccharin | 10:1 |

**Tabelle 6.1 (Jäger 1992, S.9)**

## 6.2 Qualitativer Synergismus

Im Gegensatz zum quantitativen Synergismus bezieht sich der qualitative Synergismus nicht auf die Süßkraft, sondern auf das Geschmackserlebnis.

Die bereits genannte Mischung von Saccharin und Cyclamat ist dafür ebenfalls ein einfaches und gutes Beispiel:

Nach der Entdeckung des Saccharins gab es über viele Jahre keine Alternative, vor allem Diabetiker waren auf diesen Süßstoff angewiesen. Leider hat das Saccharin einen leicht bitteren Beigeschmack. Mit Entdeckung des Cyclamats hatte man eine Möglichkeit gefunden, den Geschmack zu modifizieren. Cyclamat unterdrückt zum Großteil den bitteren Geschmack des Saccharins.

Die beiden Süßstoffe haben sich als Mischung in der Industrie durchgesetzt und werden meistens im in Tabelle 6.1 beschriebenen Verhältnis eingesetzt.

Ein weiteres Beispiel sind Glycyrrhizin und Stevia, die einzelnen Süßstoffe haben beide einen bitteren Beigeschmack, zusammen jedoch verbessert sich der Geschmack deutlich.

## 6.3 Entstehung der Synergieeffekte

Schon lange wird versucht zu erklären, wie synergieeffekte bei Süßstoffen entstehen. Es gibt mehrere ältere Theorien, die allerdings davon ausgehen, dass entweder der Süßgeschmack durch unterschiedliche Rezeptoren hervorgerufen wird oder dass die Süßstoffe sich gegenseitig an einem Rezeptor ergänzen, was beides nicht mit dem Rezeptormodell von Nofre und Tinti im Einklang steht. Neuere Forschungsergebnisse zu diesem Thema liegen leider nicht vor.

Genaueres können wir erst erfahren, wenn es gelingt, einen Rezeptor von der Oberfläche der Zunge zu isolieren, was die Forschung mit neuesten und feinsten Analyse- und Präparationsmethoden versucht. Ein Beispiel für diese Forschungen ist das Projekt „Naturstoffe als neue funktionelle Salz und Süßstoffe zur Gesundheitsprophylaxe" (Ragotzky 2000)

## 6.4   Vorteile von Süßstoffmischungen

Mit den neueren Süßstoffen wurde ebenfalls nach positiven Veränderungen der Eigenschaften in Mischungen gesucht. Nicht nur die qualitativen und quantitativen Synergieeffekte waren dabei von Interesse, sondern auch Änderungen bei anderen Eigenschaften. Betrachtet wurden dabei die Auswaschgeschwindigkeit aus der Matrix beim Kaugummi oder die Gesamtdauer des Geschmackseindruckes.

Um den Geschmack, den ,Körper' und die Textur des Nahrungsmittels zu optimieren, werden nicht nur verschiedene Süßstoffe miteinander kombiniert, sondern auch mit unterschiedlichen Zuckeraustauschstoffe hinzugefügt. Mischungen mit Zuckeraustauschstoffen bieten sehr viele Vorteile. Sie zeigen Synergieeffekte mit Süßstoffen, haben aber nebenbei auch noch andere Funktionen in den Nahrungsmitteln, sie dienen zum Beispiel als Feuchthaltemittel oder Geschmacksverstärker. Dieses bietet einen finanziellen Vorteil für die Lebensmittelindustrie.

Der Nachteil dabei ist allerdings die sinkende Akzeptanz der Konsumenten. (siehe Kapitel 7)

# 7 Gefahren

Am Beginn meiner Examensarbeit stand eine erste Internetrecherche. Dabei bin ich auf eine Seite gestoßen, die ich sehr interessant fand. Der Titel lautet: „DIE BITTERE WAHRHEIT ÜBER KÜNSTLICHE SÜßSTOFFE" (www.joconrad.de). Dieser Artikel wirkt im ersten Moment sehr aufklärerisch und scheint einen schweren Missstand in unserer Gesellschaft anzuprangern, aber im Laufe der Lektüre wurde mir klar, dass ich die Meinung dieses Autors nicht teilen kann.

Hauptsächlich ging es in diesem Artikel um das Aspartam und seine Schädlichkeit, es wurde von Kopfschmerzen/Migräne, Schwindelgefühlen, Anfällen, Übelkeit, Starrheit, Muskelkrämpfen, Gewichtszunahme, Hautausschlägen, Depressionen, Müdigkeit, Reizbarkeit, Schlaflosigkeit, Sehschwierigkeiten, Hörverlust, Herzklopfen, Herzrhythmusstörungen, Atmungsschwierigkeiten, Beklemmungen, undeutliche Aussprache, Geschmacksverlust, Tinnitus, Schwindelanfällen, Gedächtnisverlust und Gelenkschmerzen gesprochen. (vgl. www.joconrad.de)

Alle verfügbaren Informationen wurden auf einen Haufen geworfen und aneinandergereiht, ohne auf wissenschaftliche Methoden zu achten. Zum Beispiel wurde an die Tatsache, dass Aspartam zu einem geringen Anteil Methanol enthält, die Information über eine Methanolvergiftung geknüpft. Wie ich in Kapitel 7.8 erläutere, ist eine Methanolvergiftung durch Aspartam nahezu ausgeschlossen.
Die Aussage dieses Artikels habe ich als nicht haltbar eingestuft. Mein Interesse an den Gefahren, die von Süßstoffen ausgehen, war aber geweckt.

Im folgenden Kapitel werde ich auflisten, was mit wissenschaftlichen Methoden nachweisbar ist und wie damit umgegangen werden sollte.

## 7.1 Zulassungsverordnung und ADI-Wert

Alle Lebensmittelzusatzstoffe werden vor ihrer Zulassung gründlich geprüft. Sie durchlaufen zahlreiche Tests, sowohl mit Zellkulturen als auch im Tierversuch.

Das Zulassungsverfahren für die Zusatzstoffe regelt die Zusatzstoff-Zulassungsverordnung vom 29.01.1998. Diese Verordnung bezieht sich auf das EU-Recht (Richtlinie des Europäischen Parlaments und des Rates, 2003). Chemische Verbindungen kommen dem nach für eine Zulassung im Lebensmittelverkehr in Betracht, „wenn ihre toxikologische Unbedenklichkeit genügend begründet und bewiesen ist". (Baltes 2000, S.155)

Nach den toxikologischen Vorversuchen an Zellkulturen müssen an jeweils zwei Tierarten Untersuchungen durchgeführt, die sich auf folgende Bereiche erstrecken:

- akute Toxizität: dabei wird der $LD_{50}$-Wert[3] bestimmt

- subakute Toxizität: gesundheitliche Beeinträchtigungen nach vier Wochen

- subchronische Toxizität: 90-Tage Test

- chronische Toxizität: Fütterungsversuche über 6 Monate bis 2 Jahre

- Kanzerogenität: suche nach krebsauslösender Eigenschaft

- Kumulation: Anhäufung im Körper

- Teratogenität: fruchtschädigende Wirkung

- Synergismus: Wirkungsveränderung einer Substanz durch eine zweite (damit sind in diesem Zusammenhang nicht nur Süßstoffe gemeint)

- metabolischer Weg: biochemisches und pharmakologisches Verhalten der Substanz, bestehend aus Prüfungen über Resorption, Stoffwechsel, Speicherung, Ausscheidung und Abbau.

- Reproduktion

---

[3] Der $LD_{50}$-Wert beschreibt eine Menge eines Stoffes, deren Zufuhr bei 50 Prozent der Versuchstiere zum Tode führt.

Die Untersuchungen werden von unabhängigen Experten überprüft. Die Bewertung der Studien führen zum NEL- oder auch NOEL-Wert („No Effect Level"), durch Dividieren dieses Wertes durch den Faktor 100 erhält man den ADI-Wert. (vgl. Baltes 2000, S. 154ff)

Diese Untersuchungen müssen auf jeden Fall statistisch abgesichert werden, das heißt, dass sie mehrfach wiederholt werden müssen, um Fehler auszuschließen.

Der ADI-Wert bietet durch den Faktor 100 ausreichend Sicherheit. Selbst wenn eine Einzeldosis den ADI-Wert um ein hundertfaches überschreiten sollte, besteht immer noch keine Gefahr, da der NOEL-Wert, unter den Konzentrationen einer festgestellten toxischen Wirkung liegt.

## 7.2 Kanzerogenität

Unter Kanzerogenität versteht man das Potenzial eines Stoffes, Krebs auszulösen. Auf Kanzerogenität müssen alle Lebensmittelzusatzstoffe überprüft werden (siehe Kapitel 7.1). Die Prüfungen sind an mindesten zwei Tierarten durchzuführen, da hier unterschiedliche Wirkungen gefunden werden können. (vgl. Baltes 2000, S. 155)
Sobald ein Zusatzstoff zugelassen ist, hören die Untersuchungen nicht auf, jede Änderung der Zulassungskriterien führt zu einer Überprüfung der Zulassung. Die nicht ausreichenden Untersuchungen müssen dann wiederholt werden.

Das Saccharin stand seit Ende der 60er Jahre unter dem Verdacht, Krebs zu erregen. Damals wurden Fütterungsversuche an Ratten mit extrem hohen Dosen Saccharin (bis 20 Prozent der Nahrung) durchgeführt. Nach dem Ablauf der Versuchsdauer wurden bei der Sezierung signifikant häufiger Blasentumore gefunden.

Schon damals war bekannt, dass hohe Einnahmen von Natriumsalzen anderer organischen Säuren ebenfalls Blasenkrebs fördern. (vgl. Danzell, 1996; O'Brien Nabors, 2001, S.161) In diesem Fall aber wurde die Wirkung dem Saccharin selbst, nicht der hohen Konzentration, zugeordnet. Dementsprechend waren diese Studien schon damals umstritten.

Aufgrund der Delaney-Klausel wurde das Saccharin in den USA verboten, obwohl diese Ergebnisse nicht auf geringere Konzentration, wie sie in Lebensmitteln vorkommen, übertragbar waren.

Die neueren Versuchsvorschriften fordern keine so hohen Dosen in Fütterungsversuchen, da die Süßstoffe nicht in solch hohen Dosen angewendet werden.

Nach vielen weiteren Untersuchungen wurde das Saccharin in den USA schließlich wieder zugelassen, zuerst eingeschränkt, seit 2002 aber wieder ohne Einschränkungen.


## 7.3    Flatulenz

Blähungen werden in einigen populärwissenschaftlichen Veröffentlichungen den Süßstoffen zugeordnet.

Süßstoffe selbst verursachen jedoch keine Flatulenz, vermutlich ist dieser Zusammenhang durch Mischungen von Süßstoffen mit Zuckeraustauschstoffen oder durch Übersetzungsfehler (siehe Kapitel 4.4) entstanden, denn Zuckeraustauschstoffe können zum Teil Blähungen verursachen.

Bakterien, die jene Nahrung zersetzen, welche für den Menschen schlecht oder gar nicht verdaulich ist, verursachen die Flatulenz. Bei diesen Zersetzungsprozessen entstehen inerte Gase und durch diese die Flatulenz. (Großklaus 1988, S.35)


## 7.4    Diarrhoe

Diarrhoe ist in diesem Zusammenhang nur ein Problem bei starker Überdosierung von hygroskopischen Zuckeraustauschstoffen oder anderen nichtabbaubaren Sachariden. Dem Darminhalt kann dadurch im Mastdarm nicht in ausreichendem Maße das Wasser entzogen werden, so dass es zur so genannten laxierenden Wirkung kommt. In Tierversuchen wurden Stuhlerweichung und Diarrhoe beobachtet. (Großklaus 1988, S.35)

Süßstoffe können diese Wirkung aufgrund ihrer geringen Konzentration bei normaler Verwendung nicht verursachen.

## 7.5  Phenylketonurie

Phenylketonurie (im folgenden als PKU abgekürzt), auch Fölling-Krankheit genannt, ist
eine seltene (1:10 000), autosomal-rezessiv vererbte Stoffwechselstörung. Die Patienten
leiden an einem Mangel von Phenylalanin-Hydroxylase, welcher zu vermehrter Bildung
von Phenylbrenztraubensäure und anderen Metaboliten führt, die im Urin ausgeschieden werden. Die einzige Therapie ist eine phenylalaninarme Diät.
Wird die Diät nicht eingehalten, verursacht die PKU erhebliche geistige Retardierungen
und Mikrozephalie.
Aspartam ist eine Phenylalaninquelle und muss entsprechend gekennzeichnet werden,
um die Konsumenten mit PKU zu warnen.
Normal gesunde Meschen beeinflusst das Phenylalanin nicht, es besteht keinerlei Gefahr, auch wenn ein Warnhinweis auf Lebensmittel mit Aspartam zu lesen ist. (vgl. Hildebrandt 1994)


## 7.6  Pseudoaldosteronismus und Hyperkalzämie

Ein Aldosteronismus ist eine Hormonstörung, die verursacht, dass der Patient erhöhte
Mengen Natrium und Kalium ausscheidet. Dagegen steigt der Calciumspiegel im Blut
weiter an (Hyperkalzämie). Die Vorsilbe Pseudo- deutet an, dass die Symptome in diesem Fall die gleichen sind, die Ursache aber nicht in einer Hormonstörung liegt.
In der Zeitschrift Mayo Clinic Proceedings in der Ausgabe vom Juni 2003 habe ich eine
interessante Fallbeschreibung (vgl. Elinav 2003) gefunden. Der Patient litt unter Schwäche und beginnenden Lähmung der Gliedmaßen, welche sich auf den Rest des Körpers
auszubreiten begann. Außerdem hatte er Probleme beim Gehen und Sitzen, und es
fehlten ihm einige Reflexe an den Extremitäten. Sein Urin wies eine hohe Konzentration Kalium und Natrium auf, und sein Blut eine hohe Konzentration Calcium. Das klinische Bild zeigte einen Pseudoaldosteronismus mit Hyperkalzämie (Elinav 2003).
Die Ärzte fanden heraus, dass der Patient über einen längeren Zeitraum (etwa zwei Wochen) große Mengen mit Lakritzkandis gesüßten Tees zu sich genommen hatte. Dieser
enthielt umgerechnet 100mg Glycyrrhizinsäure pro Tag, was toxisch wirken kann (Roth
1994, S. 380) und in diesem Fall  den Pseudoaldosteronismus verursachte (Elinav
2003).

Vergiftungen mit Lakritz kommen nur sehr selten vor, in der englischsprachigen Literatur wurde insgesamt nur von 40 Fällen berichtet, dies war der einzige Fall, in dem die Vergiftung durch Lakritz als Süßungsmittel hervorgerufen wurde. Die anderen Fälle wurden durch Lakritz als Bonbon, als Heilmittel (Süßholzwurzelextrakt), Kautabak oder Gewürzzubereitungen verursacht. (vgl. Elinav 2003)

Um diese Vergiftung zu bekommen, muss man aber der Glycyrrhizinsäure gegenüber sehr empfindlich sein und sich eine längere Zeit eine höhere Dosis zuführen (Elinav 2003). Ob diese Vergiftung allein durch den Süßstoff (Glycyrrhizinsäure) hervorgerufen wurde, der aus der Süßholzwurzel gewonnen wird, ist fraglich, denn in der Pflanze *Glycyrrhiza glabra*, und entsprechend auch im Extrakt, aus dem die Lakritze hergestellt wird, befinden sich weitere Inhaltsstoffe, unter anderen auch Cumarinderivate (Bogensberger 1999), die toxikologisch bedenklich sind. Bei allen in der englischen Literatur beschriebenen Fällen handelte es sich um Vergiftungen mit Lakritze.


## 7.7  Allergien

Allergien sind der medizinischen Wissenschaft immer noch ein Rätsel. Man hat bereits herausgefunden, wie die Mechanismen der Allergien verlaufen, aber wodurch eine Allergie verursacht wird, was sie auslöst, wissen die Mediziner nicht.

Die in den letzten Jahren, bzw. Jahrzehnten ansteigende Anzahl an Allergikern wird in der nicht wissenschaftlichen Literatur häufig den Lebensmittelzusatzstoffen zugeschrieben. Dafür gibt es allerdings keine wissenschaftlichen Belege.

Dass es Allergien gegen Lebensmittelzusatzstoffe gibt, kann nicht bestritten werden, so sind unter den Süßstoffen Allergien gegen Thaumatin und Monellin bekannt (Römpp 1996-1999). Dass diese Stoffe auch diese Allergien hervorrufen und verursachen, kann nicht pauschal behauptet werden. Allergien sind vermutlich multikausal bedingt.

Zu diesem Thema besteht weiterer Forschungsbedarf.


## 7.8  Methanolvergiftung

Sehr viele der in der Einleitung zu Kapitel 7 zitierten Symptome führt der Autor auf eine mögliche Methanolvergiftung durch Aspartam zurück (www.joconrad.de).

Toxische Wirkungen von Methanol werden ab einer Einmaldosis von 5ml beobachtet und äußern sich in Kopfschmerzen, Erbrechen, Muskelkrämpfe und Sehschwierigkeiten. Bei höheren Dosen kann Methanol zur Erblindung oder zum Tod führen. (Hildebrandt 1994)

Die Konzentrationen von Methanol, die durch Süßstoffe in der Nahrung vorhanden sind, sind jedoch sehr gering und können als unbedenklich eingestuft werden, denn in der Literatur wird ein freier Methanolgehalt von bis zu 289mg pro Liter in Frucht- und Gemüsesäften als unbedenklich eingeschätzt (vgl. Macholz 1989). Um eine vergleichbare Menge Aspartam dem Körper zuzuführen, müsste man, wenn man davon ausgeht, dass die Methanolgruppe etwa 1/10 des Aspartams ausmacht, etwa 3g Aspartam zu sich nehmen. Aspartam hat, niedrig angesetzt, eine Süßkraft von 150 und 3g Aspartam entsprechen demnach ca. 450g Zucker.

Um eine gesundheitsschädliche Menge zu sich zu nehmen, müsste man mindestens 5ml Methanol, das entspricht etwa 40g Aspartam, zu sich nehmen. Diese 40g Aspartam schmecken so süß wie geschätzte 6kg Zucker.

Eine weitere Vorraussetzung für eine Vergiftung mit Aspartam wäre, dass diese 40g Aspartam als Einzeldosis konsumiert werde und der Abbau zu Methanol innerhalb kürzester Zeit ablaufen müsste.

Mit den Konzentrationen, die in Lebensmitteln erlaubt sind, ist es selbst mit sehr süßen Lebensmitteln wie zum Beispiel Limonaden nicht möglich, sich zu vergiften.


## 7.9 Kritische Betrachtung

Es gab zwei Ereignisse in der Geschichte der Süßstoffe, die Ihrem Ruf geschadet haben. Zum einen war es die Einführung der Delaney-Klausel und das daraus folgende Verbot von Saccharin (siehe Kapitel 2) und zum anderen die Verbreitung der gefälschten E-Nummern Listen, die erstmals 1976 in Frankreich auftauchten.

Sie enthielt 139 Stoffe, von denen 30 als „toxisch" und weitere 37 als „verdächtig" eingestuft wurden. Variationen dieser Liste tauchten in den nächsten Jahren immer wieder auf, unter anderem in Belgien, Italien und Deutschland. Sie verbreiteten sich sehr schnell, wurden kopiert und weitergegeben, von Lehrern im Unterricht ausgehändigt, in Wartezimmern von Arztpraxen ausgelegt (zum Teil mit dem Arztstempel versehen) und in Betriebskantinen verteilt. Zuletzt tauchten diese Listen 1994 in Österreich und 1997 erneut in Deutschland wieder auf. (Diehl 2000, S.231)

Die heutige Liste, die von den Verbraucher-Zentralen herausgegeben wird und aus Bundes- und Landesmitteln finanziert wird, ist den Zusatzstoffen gegenüber auch sehr kritisch eingestellt und verbessert den Ruf der Lebensmittelzusatzstoffe nicht. Dort sind 287 Stoffe aufgelistet wovon 101 negativ bewertet werden. (Verbraucher-Zentrale 1998)

Dass die Verbraucher den Lebensmittelzusatzstoffen gegenüber sehr skeptisch eingestellt sind, wundert daher nicht. Sie wünschen sich entsprechend Produkte mit deutlich weniger Zusatzstoffen, sowohl in der Menge, als auch in der Anzahl.

Aus toxikologischer Sicht ist dies dagegen eher ungünstig, denn es erscheint günstig die benötigte Menge an Zusatzmitteln durch eine erhöhte Anzahl zu senken. „Lieber mehrere Süßstoffe, von denen jeder in geringerer Dosierung verwendet wird als ein Süßstoff, von dem mehr verwendet werden muss, um den gewünschten Zweck zu erreichen." (Diehl 2000, S.239) Mehrere Stoffe lassen sich über unterschiedliche Wege leichter abbauen, als ein Stoff in hoher Dosierung über nur einen Weg. Synergieeffekte werden dafür bewusst ausgenutzt, erhöhen aber die Anzahl der Zusatzstoffe.

Da auf der Verpackung jeweils nur der Name des Inhaltsstoffes angegeben wird und nicht die Menge, versucht die Lebensmittelindustrie möglichst viele mit E-Nummern deklarierte Stoffe auf der Verpackung auszuschreiben, um diese Tatsache zu kaschieren.

Aus E 330 wird Zitronensäure und aus E 954 wird Saccharin.

Viele Kunden wissen dies, was wiederum dazu führt, dass sich die Meinung verbreitet, die Zusatzstoffe würden uns untergemogelt, auch wenn wir sie nicht haben wollen.

Ein Ausweg aus diesem Kreislauf ist nicht in Sicht.

Auch ein gewisses Restrisiko bleibt immer bestehen, niemand kann garantieren, dass diese Stoffe absolut sicher sind. Man kennt zwar schon sehr viele Reaktionen des Körpers, aber alle Regelmechanismen und alle Proteine sind heute noch nicht bekannt. Vielleicht greift der eine oder andere Lebensmittelzusatzstoff, vielleicht ein Süßstoff, irgendwo in diese unbekannten Mechanismen ein und verursacht etwas, was bis heute nicht erforscht wurde. Möglicherweise verlaufen diese Mechanismen anders als bei den Versuchstieren, bei denen sie getestet wurden. Und was ist, wenn es synergistische Nebenwirkungen mit Medikamenten oder Umweltgiften gibt?

Kinderärzte klagen über die Kariesgefahr, die bei kleinen Kindern durch Zitronensäure besteht (www.kinderaerzteimnetz.de), die Säure greift die Milchzähne an, die weicher sind als die bleibenden Zähne. Die Anwendung von Zitronensäure ist nicht beschränkt, weshalb sie sehr vielen Nahrungsmitteln als Säuerungs- und Konservierungsmittel zugesetzt wird. So wird der Zahnschmelz der Milchzähne bei fast jeder Mahlzeit dünner. Brüchige Zähne schon in sehr jungen Jahren sind die Folge.

Solange nicht alle Fragen bis ins Detail geklärt wurden, bleibt dieses Restrisiko der Lebensmittelzusatzstoffe.

# 8     Vorstellung der einzelnen Süßstoffe

Das folgende Kapitel beschäftigt sich mit den einzelnen Süßstoffen. Die effektivste Variante, eine Übersicht über Süßstoffe zu bekommen, ist, alle auf die gleiche Art und Weise aufzulisten. Ich habe dafür die Form einer Tabelle gewählt.

Um die Steckbriefe in eine alphabetische Reihenfolge zu bringen, musste ich mich jeweils für eine Bezeichnung entscheiden, da einige Süßstoffe sehr viele unterschiedliche Namen und Bezeichnungen tragen. Ich habe jeweils den am häufigsten verwendeten deutschen Trivialnamen und die dafür in Deutschland übliche Schreibweise gewählt.
Alle anderen gefundenen Namen (nur englische und deutsche) habe ich in Tabelle 8.1 aufgelistet und mit dem jeweiligen Namen versehen, unter dem der Süßstoff in den Steckbriefen zu finden ist.

| Weiter Namen | Zu finden unter: |
|---|---|
| Acetosulfam | Acesulfam K |
| ASP | Aspartam |
| Aspartame (Engl.) | Aspartam |
| Aurantiin | Naringin |
| Benzosulfimid | Saccharin |
| Calciumcyclamat | Cyclamat |
| Canderel® | Mischung verschiedener Zuckeraustauschstoffe mit dem Süßstoff Aspartam[4] |
| Chlorsucrose | Sucralose |
| Cyclamate (engl.) | Cyclamat |
| E 950 | Acesulfam K |
| E 951 | Aspartam |
| E 952 | Cyclamat |
| E 954 | Saccharin |
| E 957 | Thaumatin |
| E 959 | Neohesperidin Dihydrochalcon |

---

[4] vgl. www.canderel.de

| | |
|---|---|
| Glycyrrhetinsäureglykosid | Glycyrrhizin |
| Glycyrrhizinsäure | Glycyrrhizin |
| Marumillon 50 | Steviosid |
| monellins | Monellin |
| monellins | Monellin |
| natreen® | Früher Mischung aus Saccharin und Cyclamat, heute Mischung aus Saccharin, Cyclamat und Thaumatin (neue Rezeptur)[5] |
| Natriumcyclamat | Cyclamat |
| Neotame | Neotam |
| NHDC | Neohesperidin Dihydrochalcon |
| Nutrasweet | Aspartam |
| Perillaaldehydoxim | Perillartin |
| Perilla-Zucker | Perillartin |
| Rebaudin | Steviosid |
| Splenda® | Sucralose |
| Steebia | Steviosid |
| Stevin | Steviosid |
| Steviol | Steviosid |
| Steviosin | Steviosid |
| Stevix | Steviosid |
| Sunett® | Acesulfam K |
| Sunnette® | Acesulfam K |
| Süßholzzucker | Glycyrrhizin |
| Talin ® | Thaumatin |
| Trichlorsaccharose | Sucralose |

**Tabelle 8.1 weitere Namen von Süßstoffen**

Süßstoffe, über die nur sehr geringe Informationen gefunden wurden, wurden ans Ende der Steckbriefe in einem eigenen kleinen Kapitel zusammengefasst.

---

[5] vgl. www.natreen.de

## 8.1    Acesulfam – K

**Abbildung 8.1**

| weitere Namen | 6-Methyl-1,2,3-oxathiazin-4(3H)-on-2,2-dioxid          Kaliumsalz (Schwedt 1999), Sunett®, Sunnette®, Acetosulfam (veraltet) |
|---|---|
| Gruppe der Süßstoffe | Oxathiazinondioxide (Römpp 1996-1999), aus einer Reihe dieser süßschmeckenden Verbindungen, auch Acesulfame genannt (Corti 1999), wurde das Acesulfam K als optimalste Verbindung ausgesucht. |
| Entdeckung | 1967 von Claus und Jensen bei Arbeiten über Oxathiazinondioxide aufgefunden und im Jahr 1970 erstmals beschrieben. Der süße Geschmack wurde durch Zufall bemerkt. (Bartholome 1982 S.360) |
| Eigenschaften | weißes, kristallines, nicht hygroskopisches Pulver (Römpp 1996-1999)<br>$M_R$: 201,24 (Römpp 1996-1999)<br>zersetzt sich ab 225°C (Römpp 1996-1999)<br>ist in Wasser gut löslich (0,25 g/ml bei 20°C/ 1,3g/ml bei 100°C) (Bartholome 1982, Römpp 1996-1999) In den meisten organischen Lösungsmitteln weniger gut.<br>Dichte: 1,83 g/cm3 (Römpp 1996-1999) |
| Stabilität | sehr stabil bei den für Nahrungsmittelzubereitung üblichen Temperaturen und pH-Werten von 4 bis 7,5 (Danzel 1996) Widersteht üblichen Hitzeprozessen, wie Backen, Kochen, Pasteurisieren und Sterilisieren (Danzel 1996) Unter extremen Bedingungen zerfällt es zu Aceton, $CO_2$ und Ammoniumsulfat. |
| Mikroorganismen | Die Bewertung der Wirkung auf Mikroorganismen ist unterschied- |

| | |
|---|---|
| | lich, sowohl eine antikariogene Wirkung (Schwedt 1999, Römpp 1996-1999) als auch ‚weder eine Behinderung noch eine Förderung des Wachstums von Mikroorganismen' (Danzel 1996) wurde berichtet |
| Süßkraft | etwa 200 zu einer 3%igen wie auch 10%igen Saccharose-Lösung (Danzel 1996, Belitz 2001, Römpp 1996-1999) |
| Süßeigenschaften | schnelle Süße ohne Verzögerung, schnelles Abklingen des Geschmacks, bei hohen Konzentrationen in Wasser kann ein bitterer Geschmack bemerkt werden. (zitiert in Danzel 1996) |
| Synergismus | Geschmacksverstärkung wurde mit Alitam, Cyclamat, NHDC und Sucralose festgestellt, besonders große Synergistische Wirkungen wurden mit Aspartam beobachtet, jedoch sehr geringe oder keine mit Saccharin (Danzel 1996) |
| Verwendung | Als Mischung mit Zuckeralkoholen oder anderen Süßstoffen mit verzögertem Süßgeschmack in Konfekt, Schokolade und Speiseeis, als Geschmacksverstärker in Kaugummi, als Maskierung für unangenehme Geschmäcker in pharmazeutischen Produkten und Zahnpflegemitteln wie Zahnpaste und Mundwasser (Danzel 1996, Schwedt 1999) Als Süßungsmittel in Limonaden, Fruchtnektaren, Milchprodukten wie Joghurt, Käse, fermentierten Milchgetränken, in Backwaren mit Zuckerersatzstoffen, Fruchtprodukten wie Marmelade, Konfitüre, Gelee und Fruchtaufstrich, sowie Dosenfrüchten. Aber auch sauer Eingelegtes wie saure Gurken und Fisch, um die Essigsäure zu überdecken. Auch weniger angenehm schmeckende Komponenten in Kosmetika und Arzneimitteln soll Acesulfam-K überlagern. Wird auch als Masthilfe in Futtermitteln eingesetzt |
| Verwertung im Körper | Es wurden bei Tierversuchen auch in höheren Dosierungen keine Kanzerogenität, Mutagenität oder chronisch-toxische Wirkungen festgestellt, es wird schnell resorbiert und mit hoher Geschwindigkeit unmetabolisiert wieder ausgeschieden. (Danzel 1996) |
| ADI-Wert | 0-9 mg/kg (EU) 0-15 mg/kg (WHO seit 1990) (Schwedt 1999) |
| Herstellung | Ausgangsmaterialien oder Zwischenprodukte der Herstellung von |

| | |
|---|---|
| | Acesulfam-K sind Acetessigsäurederivate. Der Ringschluß zum Dihydrooxathiazinondioxidring läßt sich ausgehend von Acetoacetamid-N-sulfofluorid in Gegenwart von Alkalien oder von Acetoacetamid-N-sulfonsäure in Gegenwart wasserabspaltender Mittel erreichen (Jäger 1992, S.109) |
| Zulassung | Acesulfam -K ist in über 70 Ländern weltweit zugelassen. (Schwedt 1999) |

## 8.2    Alitam

| | |
|---|---|
| weitere Namen | L-α-aspartyl-N-(2,2,4,4-tetramethyl-3-thietanyl)-D-alanine amide hydrate (engl.), Alitame (engl.) |
| Gruppe der Süßstoffe | Dipeptid |
| Entdeckung | 1979 in einem systematischen Forschungsprogramm von Pfizer Central Research. Nach der Entdeckung von Aspartam suchte man gezielt nach weiteren stabilen Dipeptiden mit intensiv süßem Geschmack. (Danzel 1996) |
| Eigenschaften | weißes, kristallines, nicht hygroskopisches Pulver mit einem schwachen charakteristischem Geruch, $M_R$: 376,5 sehr gut in Wasser löslich (Danzel 1996) |
| Stabilität | Alitam wurde aus einer Reihe von 150 Dipeptiden als möglicher Süßstoff isoliert. Eine der gesuchten Eigenschaften war eine erhöhte Stabilität im Vergleich zu Aspartam. Alitam hat eine gute Stabilität. Der Abbau beim Kochen, Backen und Sterilisieren ist gering. Reduzierende Reagenzien können einen schlechten Geschmack und einige Karamellsorten zusammen mit Alitam ein Verderben des Produkts verursachen. (Danzel 1996) |
| Mikroorganismen | |
| Süßkraft | etwa 4500 zu eine 2%ige Saccharose-Lösung, jedoch nur 1640 zu einer 10%igen Saccharose-Lösung (zitiert in Danzel 1996) |
| Süßeigenschaften | extreme Süße, wie Zucker, ohne jeglichen Beigeschmack, der Ge- |

| | |
|---|---|
| | schmack entwickelt sich schnell im Mund und verschwindet lang-sam (Danzel 1996) |
| Synergismus | synergistische Effekte wurden mit Acesulfam K, NHDC und Cyc-lamat beobachtet. (Danzel 1996) |
| Verwendung | Alitam kann in nahezu allen Bereichen der Lebensmittelindustrie verwendet werden, z.B. im Gegensatz zu Aspartam auch in Back-waren. Um Zucker vollständig mit all seinen Eigenschaften (Tex-tur, Haltbarkeit) zu ersetzten sind jedoch weitere Lebensmittelzusatzstoffe zu verwenden. (Danzel 1996) |
| Verwertung im Körper | Alitam erleidet eine $\alpha/\beta$-Umlagerung. Beide Isomere hydrolysieren langsam zu L-Asparaginsäure und D-Alaninamid, das direkt oder als Glucuronid ausgeschieden wird. Ein kleiner Teil wird zu den Silfoxiden und zum Sulfan oxidiert. Die Dipeptidmethylester typi-sche Cyclisierung zum Diketopiperazin erfolgt nicht. (Belitz 2001, S435) |
| ADI-Wert | 0-9 mg/kg (EU)<br>0-15 mg/kg (WHO) (Danzel 1996) |
| Herstellung | |
| Zulassung | wird geprüft |

## 8.3 Aspartam

**Abbildung 8.2 (Jäger 1992)**

| | |
|---|---|
| weitere Namen | N-L-α-Aspartyl-L-phenylalanin-methylester (Römpp 1996-1999) Aspartame (Engl.), Canderel®, Nutrasweet, Equal, ASP, E 951 |
| Gruppe der Süßstoffe | Dipeptide |
| Entdeckung | 1965 von James D. Schlatter durch Zufall entdeckt. Schlatter experimentierte zusammen mit anderen Chemikern in der Forschungsgruppe von G.D. Searle mit Asparaginsäure und Phenylalaninsäure, er versuchte die beiden Aminosäuren zu koppeln und verwendete dazu eine Methylschutzgruppe. (Danzel 1996) Searle untersuchte etwa 200 Analoga, aber entschied sich schließlich für die ursprüngliche Entdeckung. (Mitchell 2003) |
| Eigenschaften | weißes, kristallines, hygroskopisches Pulver ohne Geruch, $M_R$: 294,31 (Römpp 1996-1999) Aspartam hat keinen definierten Schmelzpunkt. Es lagert sich bei 196°C in 6-Benzyl-2,5-dioxipiperazin-3-carbonsäure-methylester um, dessen Zersetzungspunkt bei 315°C liegt. (Bartholome 1982 S.359) Ist am isoelektrischen Punkt (pH 5,2) nur schwer löslich in Wasser (10g/l bei 20°C). Die Löslichkeit kann aber mit Erhöhung der Temperatur und Absenkung des pH-Wertes bis 2,2 erhöht werden und steigt auch bei steigendem pH-Wert an. Löst sich in den meis- |

| | ten organischen Lösungsmitteln weniger gut als in Wasser. (Römpp 1996-1999) |
|---|---|
| Stabilität | In trockenem Zustand ist Aspartam sehr stabil, in Lösung zersetzt es sich im Laufe der Zeit. Die Geschwindigkeit dabei ist abhängig von pH-Wert (stabiles Optimum 4,2) und Temperatur. Eine Zersetzung hat nur zur Folge, dass die Süße abnimmt, die Zersetzungsprodukte sind harmlos und geschmacklos. (Danzel 1996) Aspartam ist nur eingeschränkt zum Kochen und Backen geeignet, da es durch hydrolytische Spaltung an Süßkraft verliert. (Baltes 2000, S.182) In Milchprodukten ist Aspartam sehr gut zu verwenden, da zum einen der pH-Wert nahezu optimal ist und die Temperatur niedrig. Damit kommt es nur zu einer unwesentlichen Abnahme der Süße im Produkt. Als Hauptabbauprodukt bei der Zersetzung vor dem Verzehr entsteht Diketopiperazin.(Danzell 1996) |
| Mikroorganismen | soll antikariogene Wirkung besitzen. (Schwedt 1999) |
| Süßkraft | etwa 180 bis 200 im Vergleich zu 3%iger Saccharoselösung (Bartholome 1982 S. 359) |
| Süßeigenschaften | Die geschmacklichen Eigenschaften werden als gut beurteilt, gelegentlich kann die Süße etwas verzögert einsetzen und nachhaltig sein (Bartholome 1982 S.359; Jäger 1992, S.115) |
| Synergismus | zeigt synergistische Gerschmacksverstärkungen mit Saccharin, NHDC, Acesulfam K und Cyclamat; in schwächerer Form auch in Mischungen mit Zuckeralkoholen und süß schmackenden Kohlenhydraten (Jäger 1992, S.115) |
| Verwendung | wirkt als Geschmacksverstärker besonders mit Fruchtaromen, wird häufig bis sehr häufig in Getränken, Trockenprodukten, Milchprodukten und als Tafelsüße verwendet. Man findet Aspartam aber auch in einer Reihe von anderen Produkten wie Schokolade und anderem Konfekt, Kaugummi und Marmeladen. (Danzel 1996) Aufgrund seiner Instabilität wird Aspartam überwiegend für Produkte mit niedrigem Wassergehalt oder geringer Haltbarkeitsdauer, in denen sich der hydrolytische Abbau kaum bemerkbar macht, eingesetzt. (Schwedt 1999) |
| Verwertung im | Aspartam wird im Körper sehr schnell in Phenylalanin, Aspartat |

| Körper | und Methanol abgebaut. Es wird wie andere Peptide metabolisiert, entsprechend liefert Aspartam dem Körper Energie. Dieser wird in der Literatur mit 16 kJ/g (Schwedt 1999), bzw 17,2 kJ/g (Schlieper 1988) angegeben, was aber aufgrund der geringen Einsatzmengen venachlässigt werden kann.<br>Es enthält Phenylalanin, was für Phenylketonurie-Kranke bedenklich ist (vgl. Baltes 2000, S.182) |
|---|---|
| ADI-Wert | Aspartam: 40 mg/kg (WHO), 50 mg/kg (USA)<br>Diketopiperazin: 7,5 mg/kg (WHO) |
| Herstellung | Ausgangspunkt ist L-Asparaginsäure und L-Phenylalanin oder L-Phenylalanin-methylester. Zur Herstellung eignen sich die gängigen Verfahren der Peptidsynthese, bei denen die L-Konfigurationen der Aminosäuren, die für den Süßgeschmack erforderlich sind, erhalten bleiben. (vgl. Jäger 1992, S.113) |
| Zulassung | Aspartam ist in vielen Ländern zugelassen. |

## 8.4   Brazzein

| weitere Namen | |
|---|---|
| Gruppe der Süßstoffe | Protein (Römpp 1996-1999) |
| Entdeckung | |
| Eigenschaften | Das Polypeptid besteht aus 55 Aminosäuren (Römpp 1996-1999) |
| Stabilität | sehr gut hitzebeständig (4h bei 80°C ohne Aktivitätsverlust) (Römpp 1996-1999) |
| Mikroorganismen | |
| Süßkraft | etwa 2 000 (in bezug auf eine 2%ige Rohrzucker-Lösung) (Römpp 1996-1999) |
| Süßeigenschaften | |
| Synergismus | |
| Verwendung | |

| Verwertung im Körper | |
|---|---|
| ADI-Wert | |
| Herstellung | Wird aus dem westafrikanischen Baum *Pentadiplandra brazzeana* gewonnen. (Römpp 1996-1999) |
| Zulassung | Brazzein ist nicht zugelassen. (Römpp 1996-1999) |

## 8.5   Cyclamat

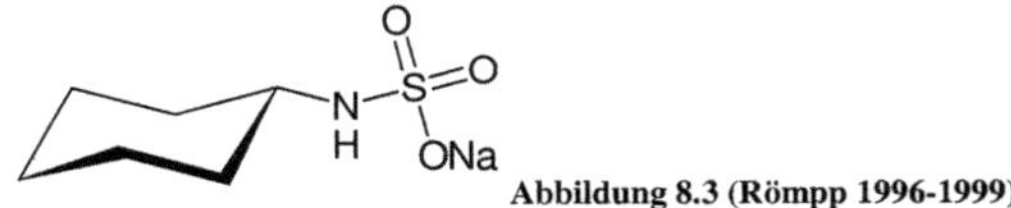

**Abbildung 8.3 (Römpp 1996-1999)**

| weitere Namen | Cyclamate (engl.), Natriumcyclamat, Calcium(di)cyclamat |
|---|---|
| Gruppe der Süßstoffe | Sulfamidsäuren, die Salze werden Sulfamate genannt (Corti 1999, S.29) |
| Entdeckung | 1937 von dem Studenten Michael Sveda, Universität Illinois bei der Suche nach antipyretisch wirksamen Substanzen durch Zufall entdeckt. (Lipinski 1991, S.413) |
| Eigenschaften | farbloses, kristallines Pulver<br>$M_R$: 201,21 (Natriumcyclamat) 179,2 (Cyclohexylsulfaminsäure) (Römpp 1996-1999)<br>zersetzt sich ab 260°C ohne zu schmelzen (Natriumcyclamat)<br>gut in Wasser bei Raumtemperatur löslich (ca. 1g in 5ml bei 20°C)<br>In den meisten organischen Lösungsmitteln dagegen schwer bis unlöslich (Bartholome 1982 S.358) |
| Stabilität | Cyclamate sind auch in wäßrigen Medien sehr stabil, sie schmelzen erst bei 169-170°C und sind ebenfalls in einem pH-Bereich von 2 bis 7 bei normalen Verarbeitungstemperaturen stabil. Die Stabilität bei der Lagerung der Produkte wurde als gut beschrieben. (vgl. Danzel 1996) |
| Mikroorganismen | Cyclamate sind nicht kariös. Diskutiert wird, ob Cyclamate die |

| | |
|---|---|
| | Entwicklung kariogener Bakterien hemmt. (zitiert in Danzel 1996) Sie werden teilweise von den Darmbakterien in Cyclohexylamin überführt. (vgl. Schwedt 1999) |
| Süßkraft | etwa 30 im Vergleich zu einer Saccharose-Lösung (vgl. Danzel 1996 S.169) etwa 35 im Vergleich zu einer 10%igen Saccharoselösung (Belitz 2001 S. 428) |
| Süßeigenschaften | Der Geschmack wird im Allgemeinen als süß-chemisch beschrieben, bei hohen Konzentrationen stellt man einen bitteren, metallischen Nachgeschmack fest. (zitiert in Danzel 1996) Süßgeschmack setzt schnell ein und flacht meistens auch relativ schnell wieder ab (Jäger 1992, S.119) |
| Synergismus | Synergieeffekte wurden mit Saccharin, Aspartam, NHDC, Acesulfam K, und Sucralose festgestellt. In einer Mischung mit Saccharin wird der bittere Geschmack des Saccharins maskiert. (Danzel 1996) Cyclamat wirkt geschmacksverstärkend mit Früchten. (O'Brien Nabors 2001, S.67) |
| Verwendung | Die Natrium- und Calciumsalze der Cyclohexylsulfamidsäure werden unter dem Namen Cyclamat zusammengefasst. Beide Verbindungen finden in der Lebensmittelindustrie Verwendung, ihre Eigenschaften weichen nur geringfügig voneinander ab. Auf Grund der großen Stabilität können Cyclamate in sehr vielen Produkten verwendet werden. Cyclamate dienen als Geschmacksverstärker bei Fruchtaromen, außerdem maskieren sie den herben Geschmack einiger saurer Früchte wie Grapefruit und Zitronen. Verwendet werden Cyclamate in Fleisch, mit Dosenfrüchten, Limonaden, Marmeladen, Gelees, Backwaren und Kaugummi, um nur einige Anwendungsbeispiele zu nennen. (vgl. Danzel 1996) Meistens werden Cyclamate aufgrund ihrer recht geringen Süßkraft in Süßstoffmischungen eingesetzt um die Synergieeffekte zu nutzen. (vgl. Jäger 1992, S.119) |
| Verwertung im Körper | Im allgemeinen werden Cyclamate nicht metabolisiert, Studien haben aber gezeigt, dass ein kleiner Teil der Bevölkerung die Cyclamate zu Cyclohexylamin umwandelt. 1969 zeigte eine Toxizi- |

| | |
|---|---|
| | tätsstudie, dass einige Tiere Cyclamate zu Cyclohexylamin, was toxische Eigenschaften besitz, abbauen (vgl. Römpp 1996-1999, Danzel 1996 S.178). Bei einem Test mit Ratten zeigte die Testgruppe, die die höchsten Konzentration einer Mischung aus Cyclamat und Saccharin (10:1) über einen Zeitraum von 2 Jahren bekommen hatte, eine erhöhte Blasentumorrate. Diese Ratten bekamen täglich 2500 mg/kg Körpergewicht Süßstoff ins Futter gemischt. (zitiert in Danzel 1996 S.178, Bewertung siehe Kapitel **7**) |
| ADI-Wert | 0 – 12,34 mg/kg Körpergewicht (WHO) (Römpp 1996-1999) |
| Herstellung | Die Synthese geht von Cyclohexylamin aus, das mit Sulfonisierungsmitteln, z.B. Amidsulfonsäure umgesetzt wird. (Bartholome 1982 S.358; Jäger 1992, S.117) |
| Zulassung | Cyclamat ist in Deutschland zugelassen. (Römpp 1996-1999) Aufgrund der Möglichkeit, dass Cyclamate in Cyclohexylamin umgewandelt werden können, wurden Cyclamate 1970 in den USA verboten. (vgl. O'Brien Nabors 2001, S.81) obwohl spätere Befunde diesen Verdacht nicht erhärten konnten (vgl. Baltes 2000 S. 181) |

## 8.6   Dulcin

| | |
|---|---|
| weitere Namen | N-(4-ethoxyphenyl)harnstoff |
| Gruppe der Süßstoffe | Harnstoff Derivat |
| Entdeckung | |
| Eigenschaften | farbloses, kristallines Pulver (Bartholome 1982) bzw. Nadel (Hess 1921, S.11) $M_R$: 180,2 (Bartholome 1982) Schmp: 173°C (Hess 1921) wenig in kaltem Wasser löslich (ca,1g in 800ml), besser dagegen in organischen Lösungsmitteln (Bartholome 1982) |
| Stabilität | Kann als Kochbeständig bezeichnet werden (Hess 1921, S.14) |

| Mikroorganismen | |
|---|---|
| Süßkraft | Etwa 250 (Bartholome 1982)<br><br>109 im Vergleich zu 5%iger Saccharoselösung (Belitz 2001, S. 432) |
| Süßeigenschaften | Besitzt einen reinen Süßgeschmack (Bartholome 1982) |
| Synergismus | Verringert den Beigeschmack des Saccharins. (Bartholome 1982) |
| Verwendung | Siehe Zulassung |
| Verwertung im Körper | Es wurde in Tierversuchen ein Metabolismus des Dulcins zu toxikologisch nicht völlig unbedenklichen Verbindungen gefunden. (Bartholome 1982) |
| ADI-Wert | |
| Herstellung | Umsetzung von 4-Phenetidin-hydrochlorid mit Natriumcyanat oder von 4-Phenetidin mit Phosgen und Ammoniak (Bartholome 1982) |
| Zulassung | Dulcin ist aufgrund von toxischen Befunden in Tierversuchen verboten worden. (Bartholome 1982) |

## 8.7 Glycyrrhizin



**Abbildung 8.4 Römpp 1996-1999**

| weitere Namen | Süßholzzucker, Glycyrrhizinsäure, Glycyrrhetinsäureglykosid, 2-β-Glucuronido-α-glucuronid der Glycyrrhetinsäure (Römpp 1996-1999) |
|---|---|
| Gruppe der Süßstoffe | Glycoside, bzw. die Säure zu den Triterpene |
| Entdeckung | *Glycyrrhiza glabra* ist schon seit langem als Heilpflanze bekannt und wird besonders als Süßholzwurzelextrakt (Radix Liquiritiae, Sirupus liquiritiae) als Expektoranz, zur Beruhigung, Schmerzlinderung und gegen gastrointestinale Störungen eingesetzt. (Roth 1994, Microsoft® 2003) |
| Eigenschaften | kristalline Substanz (Römpp 1996-1999),   farblos (Microsoft® 2003)<br>$M_R$: 822,94 (Römpp 1996-1999)<br>löst sich gut in Wasser oberhalb pH 4,5, in Propylenglycol und wäßrigen Alkoholen. Bei höheren Temperaturen neigen Glycyrrhizinate in wäßrigen Lösungen zur Hydrolyse. (Bartholome 1982 S.361) |
| Stabilität | |
| Mikroorganismen | |
| Süßkraft | 50 im Vergleich zu 4%iger Saccharoselösung (Belitz 2001, S. 432) |
| Süßeigenschaften | besitzt einen ausgeprägten Lakritzgeschmack (Bartholome 1982, S.361) |
| Synergismus | |
| Verwendung | Ihre cortisonähnliche Nebenwirkung begrenzt eine breitere Anwendung. (Belitz 2001, S.432) Als Süßstoff wird Glycyrrhizin nur in Tabakwaren und Medikamenten verwendet, es wirkt entzündungshemmend und dient in Form von Süßholzsaft (Radix Liquiritiae, Sirupus liquiritiae) als Hustenmittel und Expektorans (vgl. Roth 1994, Römpp 1996-1999), aber auch als Tee aus der Süßholzwurzel wird es in der Naturheilkunde eingesetzt (Fessler 2000), es ist in erheblichen Mengen in Lakritz enthalten (Römpp 1996-1999) |
| Verwertung im Körper | Glycyrrhizin besitzt in seiner räumlichen Konfiguration Ähnlichkeit mit Steroiden wie Hydrocortison und Prednison, darauf ist |

| | |
|---|---|
| | vermutlich seine Toxizität zurückzuführen. (Römpp 1996-1999) Glycyrrhizin erzeugt durch Blockade der 5-β-Reduktase Pseudoaldosteronismus. (Römpp 1996-1999, siehe Kapitel 7.6) |
| ADI-Wert | Die tägliche Dosis sollte 100mg Glycyrrhizin nicht überschreiten. (vgl. Römpp 1996-1999) |
| Herstellung | Aus den Wurzeln der Süßholzpflanze Glycyrrhizinsäure in Form des Natrium- und Calciumsalzes extrahiert werden. (vgl. Lipinski 2000, S.461) |
| Zulassung | Glycyrrhizin ist in Deutschland nicht zugelassen. Einige Präparate der Süßholzwurzel sind durch die Arzneimittelverordnung zugelassen. |

## 8.8 Hernandulcin

| | |
|---|---|
| weitere Namen | |
| Gruppe der Süßstoffe | Sesquiterpene |
| Entdeckung | Hernandulcin stammt aus der Pflanze *Lippia dulcis Trev.* (Verbenaceae) (Belitz 2001, S. 436) |
| Eigenschaften | |
| Stabilität | |
| Mikroorganismen | |
| Süßkraft | 1250 im Vergleich zu 0,25 M Saccharoselösung (Belitz 2001, S. 436) |
| Süßeigenschaften | Geschmack ist etwas weniger angenehm als bei Saccharose, es ist ein leicht bitterer Beigeschmack vorhanden. (Belitz 2001, S. 436) |
| Synergismus | |
| Verwendung | |
| Verwertung im Körper | |
| ADI-Wert | |
| Herstellung | Die racemische Verbindung wurde über eine gelenkte Aldolkondensation durch Zugabe von 6-Methyl-5-hepten-2-on zu 3-Methyl- |

| | |
|---|---|
| | 2-cyclohexen-1-on und Lithiumdiisopropylamid in Tetrahydrofuran synthetisiert. Die Enantiomerenpaare ($\pm$)-Hernandulcin (I, 95%) und ($\pm$)-Epihernandulcin (II, 5%) wurden chromatographisch getrennt. I ist süß und II nicht. (Belitz 2001, S. 436) |
| Zulassung | |

## 8.9   Monellin

| | |
|---|---|
| weitere Namen | monellins (engl.) |
| Gruppe der Süßstoffe | Proteine |
| Entdeckung | 1967 (Römpp 1996-1999), Monellin ist eigentlich Monellin 4, eines von 5 süßschmeckenden Proteinen, die aus der westafrikanischen Pflanze *Dioscoreophyllum cumminsii Diels* („Serendipity-Beeren") isoliert wurden. (vgl. O'Brien Nabors 2001, S.215) |
| Eigenschaften | Protein besteht aus zwei Polypeptidkette, eine 44 die andere 50 Aminosäuren lang<br>$M_R$: 11 086<br>Natürliches Monellin zersetzt sich ab 50°C<br>wasserlöslich (Römpp 1996-1999) |
| Stabilität | Monellin ist nicht temperatur- und hydrolysebeständig. (Römpp 1996-1999) Die Stabilität kann jedoch durch kovalente Verknüpfung der beiden Peptidketten über die Aminosäurereste A2 und B50 auf 100°C verbessert werden  (Belitz 2001, S.429) |
| Mikroorganismen | wird wie andere Proteine von Mikroorganismen zersetzt |
| Süßkraft | etwa 2 000 bis 2 500 (in bezug auf Saccharose) (Römpp 1996-1999)<br>etwa 1 500 bis 2 000 (in bezug auf eine 7%ige Saccharose-Lösung) (O'Brien Nabors 2001, S.215)<br>Am Schwellenwert 3000 (Belitz 2001 S. 430) |
| Süßeigenschaften | Der Süßgeschmack setzt erst verspätet ein und es hat einen lang anhaltenden Nachgeschmack. (O'Brien Nabors 2001, S.215) |
| Synergismus | siehe Verwendung |

| Verwendung | Monellin wird aufgrund seiner geringen Stabilität nicht als kommerzieller Süßstoff eingesetzt, das Interesse an ihm ist rein wissenschaftlich, es gibt eine Reihe wissenschaftlicher Literatur die sich mit Monellin beschäftigen, insbesondere mit seinem kristallinen Aufbau, der chemischen Synthese, der rekombinanten Produktion und dem molekularen Mechanismen des Süßgeschmacks. (vgl. O'Brien Nabors 2001, S.215) |
|---|---|
| Verwertung im Körper | Monelin ist ein Protein und wird entprechend mit einem Nährwert von etwa 16 kcal/g vom Körper abgebaut. Immunologische Kreuzreaktion mit Thaumatin (Römpp 1996-1999) |
| ADI-Wert | siehe Verwendung |
| Herstellung | zwischen 3 bis 5g (O'Brien Nabors 2001) und 15g (Römpp 1996-1999) werden aus 1kg Frucht isoliert, die Herstellung ist sehr kostenintensiv, und *Dioscoreophyllum cumminsii Diels* ist außerdem schwer zu züchten. (vgl. O'Brien Nabors 2001) Es wird versucht das Peptid gentechnisch herzustellen. (Römpp 1996-1999) |
| Zulassung | Monellin ist in Deutschland nicht zugelassen. (Römpp 1996-1999) |

## 8.10  Naringin Dihydrochalkon

| weitere Namen | Aurantiin, Naringenin-7-O-(2-O-α-L-rhamnosyl-β-D-glucosid) |
|---|---|
| Gruppe der Süßstoffe | Die Dihydrochalcone gehören sowohl zu den Flavonoiden als auch zu den Glycosiden (Corti 1999, S.29) |
| Entdeckung | |
| Eigenschaften | |
| Stabilität | |
| Mikroorganismen | |
| Süßkraft | etwa 300 (in bezug auf Saccharose) (Römpp 1996-1999) |
| Süßeigenschaften | kein reiner Süßgeschmack, durch mentholartige Geschmacksnoten verfälscht. (Baltes 2000, S.182) |
| Synergismus | |
| Verwendung | |

| | |
|---|---|
| Verwertung im Körper | |
| ADI-Wert | |
| Herstellung | |
| Zulassung | |

## 8.11 Neohesperidin Dihydrochalcon



**Abbildung 8.5 Römpp 1996-1999**

| weitere Namen | Hesperetin dihydrochalcon-4'-β-neohesperidosid, NHDC |
|---|---|
| Gruppe der Süßstoffe | Die Dihydrochalcone gehören sowohl zu den Flavonoiden als auch zu den Glycosiden (Corti 1999, S.29) |
| Entdeckung | 1969 von Horowitz und Gentili (Corti 1999, S33) |
| Eigenschaften | $M_R$: 612,58 (Römpp 1996-1999)<br>Schmelzpunkt bei 152-154°C (Jäger 1992, S.125)<br>In kaltem Wasser wenig (1g in 2000ml), etwas besser in Äthanol (1g in 50ml) und viel besser in warmen Wasser löslich. (Bartholome 1982) |
| Stabilität | NHDC hat eine hohe Stabilität in einem pH-Bereich von 2 bis 6, so dass bei den meisten Produkten kein Verlust an Süße durch lange Aufbewahrung erwartet wird. (vgl Danzel 1996) Auch normale Verarbeitungstemperaturen und Lagerungsbedingungen degenerieren NHDC nicht. (vgl. Danzel 1996) |
| Mikroorganismen | NHDC hat keinen Einfluss auf Milchsäurebakterien (Danzel |

| | 1996) |
|---|---|
| Süßkraft | etwa 1500 bis 1800 (Danzel 1996)<br>etwa 400 bis 600 (Römpp 1996-1999)<br>660 im Vergleich zu 10%iger Saccharoselösung (Belitz 2001, S.432) |
| Süßeigenschaften | leicht verzögerte Süße mit einem süßen Menthol- oder Lakritznachgeschmack (Danzel 1996) In Konzentrationen, in den noch kein signifikanter Süßgeschmack wahrgenommen wird (1-5 ppm), werden bereits geschmacksverändernde Eigenschaften (Textur und Mundgefühl) festgestellt. (Danzel 1996) |
| Synergismus | synergistische Wirkungen wurden mit Aspartam, Acesulfam K, Alitam, Steviosid, Saccharin und Cyclamat, aber auch mit Zuckeralkoholen und Zuckern beobachtet. (Danzel 1996) |
| Verwendung | „Nicht günstig für den Einsatz auf breiter Basis sind die geschmacklichen Eigenschaften und die begrenzte Hydrolysestabilität." (Bartholome 1982, S.363) Genau gegenteilig stuft allerdings das Ingredients Handbook-Sweeteners das NHDC ein. Dort ist zu lesen dass es auf Grund seiner hohen in vielen Produkten verwendet werden kann. Dazu gehören Limonaden und andere Getränke, Trockenprodukte, Milchprodukte, Kaugummi, Schokolade und andere Süßigkeiten, Backwaren, Tabak, pharmazeutische Produkte, Mundwasser und Futtermittel. Aufgrund seines Nachgeschmacks wird empfohlen, NHDC nur in geringen Mengen mit anderen Süßstoffen gemischt zu verwenden. (Danzel 1996) |
| Verwertung im Körper | Wird wie andere Flavonoide auch vollständig im Körper verstoffwechselt. (Römpp 1996-1999) Der Energiewert wird auf weniger als 2 kcal/g (→ 8,37 kJ/g) geschätzt. (vgl. Danzel 1996) |
| ADI-Wert | 0-5 mg/kg (EU) (Römpp 1996-1999) |
| Herstellung | NHDC kann durch alkalische Hydrierung von Neohesperidin gewonnen werden, das in den Schalen der Sevilla-Orange enthalten ist und daraus isoliert werden kann. Es gibt jedoch noch weitere Synthesemöglichkeiten. (Bartholome 1982) |
| Zulassung | NHDC ist in der EU seit 1994 zugelassen. (Römpp 1996-1999) |

## 8.12 Neotam

**Abbildung 8.6 (Corti 1999, S.53)**

| weitere Namen | Neotame (engl.) N-[N-(3,3-dimethylbutyl)-L-α-aspartyl]-L-phenylalaninmethylester |
| --- | --- |
| Gruppe der Süßstoffe | Dipeptide |
| Entdeckung | Nach Alitam eine weitere Abwandlung von Aspartam, entwickelt nach dem Rezeptormodell nach Nofre & Tinti (Nofre 2000) |
| Eigenschaften | kristallines weißes Pulver<br>$M_R$: 378,47<br>sehr gut in Wasser löslich 12,6 g/l bei 25°C (Nofre 2000) |
| Stabilität | ähnlich wie Aspartam, aber stabiler bei neutralem pH-Wert (Nofre 2000) |
| Mikroorganismen | Die Mikoorganismen im Mund sind nicht in der Lage, Neotam abzubauen. (Nofre 2000) |
| Süßkraft | etwa 6 000 bis 10 000 (in Bezug auf Saccharose)<br>etwa 30 bis 60 (in Bezug auf Aspartam) (Nofre 2000) |
| Süßeigenschaften | sehr klarer süßer Geschmack, ähnlich wie Saccharose, kein Beigeschmack (Nofre 2000) |
| Synergismus | keine Synergieeffekte mit Acesulfam - K oder Saccharin (Nofre 2000) |
| Verwendung | Neotam kann vielseitig verwendet werden, zum Beispiel in Limonaden und Milchprodukten. (Nofre 2000) |
| Verwertung im Körper | Vom Neotam wird die Methylgruppe abgespalten und der Rest größtenteils unverändert ausgeschieden. Von einem kleinen Teil dieses Restes wird jedoch Phenylalanin, Asparagin und 3,3-Dimethylbuttersäure abgespalten und verwertet. Das übrig Ab- |

| | bauprodukt wird mit dem Urin ausgeschieden. (Nofre 2000) Durch die höhere Süßkraft wird weniger Neotam als Aspartam benötigt, dadurch verringert sich zusätzlich die Menge Phenyla-lanin, die vom Körper aufgenommen wird. Neotam ist dadurch für Konsumenten mit Phenylketonurie deutlich günstiger als Aspartam. (Nofre 2000) |
|---|---|
| ADI-Wert | NOEL: 500 mg/kg (Nofre 2000) |
| Herstellung | Aspartam + 3,3-Dimethylbutylaldehyd, reduktive N-Alkylierung mit Wasserstoff und Katalysator (Pd Oder Pt) (vgl. Nofre 2000) |
| Zulassung | Neotam ist noch nicht zugelassen, aber das Verfahren läuft und es ist ein sehr aussichtsreicher Kandidat, sehr erfolgreich zu wer-den. |

## 8.13  Osladin

**Abbildung 8.7 Römpp 1996-1999**

| weitere Namen | Glykosid des 22,26-Epoxy-3,26-dihydroxycholestan-6-ons mit a-L-Rhamnose u. Neohesperidose (2-O-a-L-Rhamnopyranosyl-b-D-glucopyranose). (Römpp 1996-1999) |
|---|---|
| Gruppe der Süßstoffe | Saponine (Römpp 1996-1999), auch als Steroidsaponine (Corti 1999) bezeichnet |
| Entdeckung | |
| Eigenschaften | $M_R$: 887,07 (Römpp 1996-1999)<br>Schmp.: 198-199°C (Römpp 1996-1999) |
| Stabilität | |

| Mikroorganismen | |
| --- | --- |
| Süßkraft | etwa 500 (in bezug auf Saccharose) (Römpp 1996-1999) |
| Süßeigenschaften | |
| Synergismus | |
| Verwendung | |
| Verwertung im Körper | wirkt hämolytisch (Römpp 1996-1999) |
| ADI-Wert | |
| Herstellung | kann aus dem Rhizom des einheimischen Farns *Polypodium vulgare* (gemeiner Tüpfelfarn, Engelsüß) gewonnen werden. (Römpp 1996-1999) |
| Zulassung | Osladin ist nicht zugelassen und eine Zulassung ist aus toxikologischen Gründen unwahrscheinlich. (Belitz 2001, Römpp 1996-1999) |

## 8.14  Pentadin

| weitere Namen | |
| --- | --- |
| Gruppe der Süßstoffe | Protein |
| Entdeckung | |
| Eigenschaften | $M_R$: 12 000 (Römpp 1996-1999) |
| Stabilität | hitzestabil (Römpp 1996-1999) |
| Mikroorganismen | |
| Süßkraft | etwa 500 (in bezug auf Saccharose) (Römpp 1996-1999) |
| Süßeigenschaften | |
| Synergismus | |
| Verwendung | |
| Verwertung im Körper | Toxikologie ist noch nicht geklärt. (Römpp 1996-1999) |
| ADI-Wert | |
| Herstellung | Wird aus dem westafrikanischem Baum *Pentadiplandra brazzeana* gewonnen. (Römpp 1996-1999) |
| Zulassung | Pentadin ist nicht zugelassen. (Römpp 1996-1999) |

## 8.15  Perillartin

R = (*E*)-CH=NOH : Perillaaldehydoxim ( **1** )
R = CHO    : Perillaaldehyd ( **2** )
R = $CH_2OH$   : Perillaalkohol ( **3** )

**Abbildung 8.8 (Römpp 1996-1999)**

| weitere Namen | Perillaaldehydoxim, Perilla-Zucker (Römpp 1996-1999) |
|---|---|
| Gruppe der Süßstoffe | Oxime (Römpp 1996-1999, Corti 1999, S.29) |
| Entdeckung | |
| Eigenschaften | $M_R$: 165,24 (Römpp 1996-1999)<br>Schmp. 102°C (Römpp 1996-1999)<br>SDP. 147-148°C (1,6 kPa) (Römpp 1996-1999) |
| Stabilität | |
| Mikroorganismen | |
| Süßkraft | etwa 2000fache Süßkraft von Saccharose (Römpp 1996-1999) |
| Süßeigenschaften | |
| Synergismus | |
| Verwendung | Einer Verwendung steht die geringe Wasserlöslichkeit entgegen. (Belitz 2001, S.433) |
| Verwertung im Körper | |
| ADI-Wert | $LD_{50}$: 2,5 g/kg (Ratte) (Römpp 1996-1999) |
| Herstellung | |
| Zulassung | Perillartin ist in Japan zugelassen. (Römpp 1996-1999) |

## 8.16  Phyllodulcin

**Abbildung 8.9 (O'Brien Nabors 2001, S.213)**

| weitere Namen | |
|---|---|
| Gruppe der Süßstoffe | Diphenyle, auch Isocumarine genannt (Corti 1999, S.29) |
| Entdeckung | wurde 1916 aus der Pflanze *Hydrangea macrophylla* Seringe *var. Thunbergii* isoliert. (O'Brien Nabors 2001, S. 213) |
| Eigenschaften | |
| Stabilität | |
| Mikroorganismen | |
| Süßkraft | 250 im Vergleich zu einer 5%igen Saccharoselösung (Belitz 2001, S. 431)<br>„varierende Angaben zwischen 400 und 600 bis 800" (O'Brien Nabors 2001, S. 214) |
| Süßeigenschaften | Geschmackseindruck tritt relativ langsam auf und fällt auch langsam wieder ab. (Belitz 2001, S. 431) |
| Synergismus | |
| Verwendung | denkbar bei bestimmten Bonbonsorten und Kaugummi (Belitz 2001 S. 431) |
| Verwertung im Körper | |
| ADI-Wert | |
| Herstellung | wird aus der Pflanze extrahiert |
| Zulassung | |

## 8.17  Saccharin

Abbildung 8.10 (Römpp 1996-1999)

| weitere Namen | 1,2-Benzisothiazol-3(2H)-on-1,1-dioxid,  2-Sulfobenzoesäureimid, Benzosulfimid |
|---|---|
| Gruppe der Süßstoffe | Saccharine (Corti 1999, S.29) |
| Entdeckung | ältester und bekanntester Süßstoff. (Baltes 2000, S180), 1879 von Fahlberg und Remsen durch Zufall bei Oxidationen an o-Toluensulonamiden an der John Hopkins University, Baltimore, USA. Fahlberg, ein deutscher Chemiker, arbeitete zu der Zeit im Labor von Prof. Remsen, er entdeckte beim Essen den süßen Geschmack einer Substanz, die er sich als Lösung zuvor im Labor versehentlich über die Hand geschüttet hatte. (vgl. O'Brien Nabors 2001, S.147f) |
| Eigenschaften | weißes, kristallines, geruchloses Pulver (Römpp 1996-1999) <br> $M_R$: 183,18 (Römpp 1996-1999) <br> Schmelzpunkt bei 229° bis 230°C (Römpp 1996-1999) <br> schwer löslich in kaltem Wasser (3g/l), löslich in siedendem Wasser und in Äthanol (30g/l) mit saurer Reaktion (Römpp 1996-1999) <br> Natriumsalz des Saccharins in Wasser löslich (650g/l) (Baltes 2000, S.181; Jäger 1992, S.122)) <br> Dichte: 0,828 g/cm$^3$ (Römpp 1996-1999) |
| Stabilität | Saccharin ist sehr stabil, Studien haben gezeigt, dass Saccharin nach einer Stunde bei einer Temperatur von 150°C bei pH-Werten von 3,3 bis 8 unverändert bleibt. (vgl. O'Brien Nabors 2001, Danzel 1996) <br> Die Süßkraft des Saccharins geht beim Kochen verloren, da dann |

| | |
|---|---|
| | der Imid-Ring hydrolytisch gespalten wird. (Baltes 2000, S.181) Unter Lagerungsbedingungen ist Saccharin mehrere Jahre stabil, es zersetzt sich nur bei sehr hohen Temperaturen und extremen pH-Werten. |
| Mikroorganismen | Saccharin hemmt kariogene Bakterien im Mund |
| Süßkraft | etwa 200 bis 300 (Danzel 1996) Das reine Saccharin hat eine Süßkraft von etwa 550, das Natriumsalz des Saccharins hat eine Süßkraft von etwa 450 (Römpp 1996-1999) Saccharinnatrium in Wasser gelöst hat eine etwa 500mal so starke Süßkraft wie Saccharose (Baltes 2000, S 181) |
| Süßeigenschaften | sehr süß, mit unangenehmen leicht metallischem (Belitz 2001) bis bitterem Nachgeschmack (Belitz 2001, Schwedt 1999, Römpp 1996-1999) der von etwa 25% der Bevölkerung wahrgenommen wird, es schmeckt noch in einer Verdünnung von 1:200 000 süß. (Römpp 1996-1999) |
| Synergismus | Der unangenehme Beigeschmack kann durch Kombination mit anderen Süßstoffen eliminiert werden (Baltes 2000, S.181); synergistische Wirkungen wurden mit Acesulfam K, Aspartam, Alitam, Cyclamat, Sucralose und Thaumatin festgestellt (vgl.O'Brien Nabors 2001, Danzel 1996) |
| Verwendung | Um eine bessere Löslichkeit zu erhalten, verwendet man die Natrium- und Calciumsalze des Saccharins. (O'Brien Nabors 2001,) Saccharin wird in brennwertverminndereten Getränken, Kuchen und Torten, Konfekt, Marmeladen, Kaugummi, Überzügen, Salatdressings, bearbeiteten Früchten und Soßen wie auch für das Süßen von Kosmetika und Arzneimitteln verwendet. Saccharin wird heute grundsätzlich mit anderen Süßstoffen vor allem Cyclamat zusammen verwendet, um den bitteren Nachgeschmack zu maskieren. Das freie Saccharin hat Bedeutung in den Fällen, in denen das mit dem Kristallwasser des Saccharinnatriums eingebrachte Wasser stören könnte und die Säuerungswirkung günstig ist, beispielsweise bei brausenden Süßstofftabletten, in denen es aus Kohlensäureträgern $CO_2$ freisetzen kann. (Jäger 1992, S.124) |

| | |
|---|---|
| | Im technischen Bereich wird Saccharin galvanischen Bädern zur Vernickelung zugegeben. Der Zusatz von Saccharin steigert den Glanz und die Elastizität der Nickelschicht. (Bartholome 1982 S. 358) |
| Verwertung im Körper | Saccharin besitzt keinen physiologischen Brennwert, es wird nur langsam absorbiert, nicht metabolisiert (zitiert in Danzel 1996) und nicht akkumulisiert, somit also nahezu vollständig über den Urin wieder ausgeschieden. (vgl. Schwedt 1999, Danzel 1996; Jäger 1992, S.123)<br><br>Zwei Studien Ende der 60er Jahre haben gezeigt, dass Mischungen aus Saccharin und Cyclamat ein erhöhtes Risiko für Blasenkrebs verursacht. Daraufhin wurde Saccharin 1977 in den USA und weiteren Staaten verboten. (Danzel 1996, S.227) In weiteren Studien konnten diese Versuchsergebnisse nicht reproduziert werden.<br><br>In diesen beiden Studien wurden sehr hohe Mengen an Natriumsaccharin verabreicht, deshalb ist es nicht nachgewiesen, dass die Ursache für den Blasenkrebs tatsächlich das Saccharin war. Dies besonders seitdem aus anderen Studien bekannt wurde, dass hohe Einnahmen von Natriumsalzen anderer organischen Säuren ebenfalls Blasenkrebs fördern. (vgl. Danzel 1996, O'Brien Nabors 2001, S.161)<br><br>Seit diesen Studien wurden sehr viele weitere toxikologische Tests mit Saccharin gemacht. Es konnten keine signifikanten Krebsrisiken erkannt werden. Epidemiologische Studien haben aber gezeigt, dass eine Ernährung mit 0,01% Saccharingehalt über die gesamte Lebensspanne das Risiko an Blasenkrebs zu erkranken nur um 1 zu einer Million erhöhen würde. (vgl. Danzel 1996)<br><br>Mit den Mutagenitätstest hat es sich ähnlich verhalten, wie mit den Kanzerogenitätstests, einige waren positiv andere negativ. Man vermutet, dass dies daran liegt, dass einige Verunreinigungen von der Herstellung die positiven Mutagenitätstests verursacht haben könnten. (vgl. Danzel 1996)<br><br>Nachdem die Ergebnisse aus den ersten Studien nicht reproduziert werden konnten, ist man 1987 in den USA zu dem Entschluss ge- |

| | kommen, Saccharin wieder zuzulassen. Zunächst noch mit der Einschränkung, dass ein Warnhinweis auf die Verpackung gedruckt werden musste. (siehe Zulassung) (Römpp 1996-1999) |
|---|---|
| ADI-Wert | 2,5 mg/kg (JECFA) (Danzel 1996) <br> 0 – 5 mg/kg (EU) (Römpp 1996-1999) |
| Herstellung | Unter anderem aus Toluol nach dem Remsen-Fahlberg-Verfahren (1879) sowie aus Phthalsäureanhydrid nach dem Maumee-Verfahren (Römpp 1996-1999); mehrere weitere Herstellungsweisen sind bekannt. (Bartholome 1982, S.357) |
| Zulassung | Saccharin ist in mehr als 100 Ländern zugelassen, in den USA darf Saccharin seit dem 1. Mai 2002 wieder ohne Warnhinweis auf der Verpackung verwendet werden. (vgl. O'Brien Nabors 2001, S162) |

## 8.18  Stevia

Bei dem Süßstoff Stevia handelt sich um einen Extrakt aus Stevia rebaudiana Bertoni. Darin kommen etwa 9 verschiedene, süße Verbindungen vor, der wichtigste, älteste und am besten erforschte Süßstoff ist das Steviosid. Weitere Süßstoffe sind Rebaudiosid A bis E und Steviolbiosid (Dulcosid B trägt heute die Bezeichnung Rebaudiosid C). An dieser Stelle möchte ich nur den Pflanzenextrakt und Steviosid behandeln, da diese beiden Süßstoffformen Verwendung finden. (Kinghorn 2002, S.1)



$R^1$ = H , $R^2$ = H : Steviol
$R^1$ = Glc(β1→2)Glcβ, $R^2$ = β-D-Glc$p$ : Steviosid

**Abbildung 8.11 Römpp 1996-1999**

| weitere Namen | 13-(2-O-β-D-Glucopyranosyl-β-D-glucopyraosyloxy)-kaur-16-en-19-säure-β-D-glucopyranosylester, Steviosid (Glycosid, Handelsform), Stevin, Steebia, Steviosin, Stevix, Marumillon 50, Rebaudin (Römpp 1996-1999)<br><br>,Steviol' ist neben Glucose eines der Abbauprodukte |
|---|---|
| Gruppe der Süßstoffe | Diterpen-Glycoside vom Kauren-Typ (Römpp 1996-1999) |
| Entdeckung | Die Pflanze ist schon seit geraumer Zeit bekannt, die Ureinwohner Paraguays haben den bekannten Mate-Tee damit gesüßt. Der kommerzielle Anbau begann aber erst 1954 in Japan und erst 1956 begannen auch Sicherheitsstudien. (Kinghorn 2002, S.1)<br>Das Steviosid wurde von Bertoni um 1905 isoliert. (Kinghorn 2002, S.1) |
| Eigenschaften | Steviosid: weißes, kristallines Pulver<br>$M_R$: 804,9<br>Fp: 196-198°C Schmelztemperatur: 238-239°C<br>in kaltem Wasser wenig (ca. 1g in 800ml), in Äthanol besser löslich. (Kinghorn 2002, S.7f)<br>Extrakt: cremefarben oder braunes Pulver<br>gut in Wasser löslich (300 bis 800 g/l) (Kinghorn 2002, S.7f)<br>Steviol: ein weißes, kristallines Pulver<br>$M_R$: 318,46<br>Schmelztemperatur: 215°C<br>nur schwer in Wasser löslich (Kinghorn 2002, S.7f) |
| Stabilität | Steviosid ist generell stabil gegenüber Hitze und pH, jedoch zersetzt es sich schnell bei einem pH-Wert über 10 bei Temperaturen über 100°C, was allerdings kein Problem für die Anwendung darstellt, da Nahrungsmittel nicht generell einen hohen pH-Wert besitzen. (Steviosid in O'Brien Nabors 2001) |
| Mikroorganismen | Steviosid wird zum Teil von Mikroorganismen zu Steviol und Glucose gespalten. Es werden Forschungen mit Steptomyceten und Actinomyceten zu Verbesserung des Geschmacks gemacht, sie sollen Glycosyl-Steviosde herstellen. (zitiert in Danzel 1996) |

| | |
|---|---|
| Süßkraft | Steviosid: Etwa 100 bis 300 (Römpp 1996-1999) (100 im Vergleich zu 10%iger und 300 zu 0,4 %iger Saccharose-Lösung; ähnliche Werte werden auch über den Extrakt berichtet, da dieser zum größten Teil aus Steviosid besteht |
| Süßeigenschaften | Der primäre Geschmack ist süß, es wird aber auch über einen leicht bitteren, menthol-/lakritzartigen und ein unangenehmen astringierenden Nachgeschmack berichtet. Es wird weiter geforscht, wie man den Geschmack verbessert. Ein Forschungsschwerpunkt ist dabei das mögliche Anhängen weiterer Zucker. (Danzel 1996, Kinghorn 2002, S.2) |
| Synergismus | Synergistische Effekte wurden mit Acesulfam K, Aspartam, Cyclamaten, Glycyrrhizin und NHDC berichtet, jedoch keine mit Saccharin. Des Weiteren verstärkt es Fruchtaromen und salzfreie Gewürze (Danzel 1996, Kinghorn 2002, S.3) |
| Verwendung | In der Regel werden Steviaextrakte verwendet und nicht das reine Steviosid. Es kann verwendet werden in Konfekt, Backwaren, Eingelegtem, Eiscreme, Meeresfrüchte und Getränken. Um seine Beigeschmäcker zu maskieren, muss es mit weiteren Süßstoffen, Zuckern oder Zuckeraustauschstoffen gemischt werden, meistens werden dafür Fruktose, Laktose, Cyclamat und Aspartam verwendet. (Kinghorn 2002, S.10) |
| Verwertung im Körper | Steviosid hat einen 300fach geringeren Nährwert als Saccharose, der Nährwert kann, da Steviosid nur in sehr geringen Mengen verwendet wird, als null betrachtet werden. (vgl. Danzel 1996) Bei Ratten wird es zum größten Teil unverändert ausgeschieden, nur geringe Anteile werden von Darmbakterien in Steviol und Glukose gespalten. Das Steviol wird ausgeschieden und die Glukose verwertet. Für den Menschen sind bis jetzt noch keine derartigen Studien bekannt. (Steviosid in O'Brien Nabors 2001,) Bei Untersuchungen mit Stevia-Blättern und Steviosid wurden in einigen Fällen physiologische Wirkungen gefunden, darunter verminderte Fertilität und antiandrogene Effekte. (Bartholome 1982, S.362) |
| ADI-Wert | Steviol wird allerdings als ungiftig eingestuft, da der $LD_{50}$-Wert in verschiedenen Quellen zwischen <8,5 g/kg und >15 g/kg angege- |

| | |
|---|---|
| | ben wird. (vgl. Kinghorn 2002, S.160ff) |
| Herstellung | Aus den getrockneten Blättern von Stevia rebaudiana, in denen Steviosid zu 2-18%, im Mittel zu etwa 7% enthalten ist, läßt sich mit Wasser oder Wasser-Alkohol-Mischungen extrahieren. (Bartholome 1982, S.362) |
| Zulassung | Steviosid wird in Japan, China, Malaysia, Indonesien, Thailand, Südkorea, Südafrika und Südamerika kommerziell angebaut (vgl. Kinghorn 202, S.10f). Es existieren Hinweise, dass Steviol vom tierischen Organismus zum mutagenen 15-Oxosteviol metabolisiert wird (vgl. Terai, 2002). Die Zulassung wurde in Deutschland bisher nicht erteilt, da die bisherigen Studien nicht vollständig den Anforderungen entsprachen. (vgl. Wilke 2001) |

## 8.19  Sucralose

**Abbildung 8.12 (Römpp 1996-1999)**

| | |
|---|---|
| weitere Namen | (1,6-Dichlor-1,6-didesoxy-β-D-fructofuranosyl)-4-Chlor-4-desoxy-α-D-galactopyranosid, Chlorsucrose (Römpp 1996-1999), Splenda®, Trichlorsaccharose, tri-chlorogalactosucrose (veraltet, engl.) (Danzel 1996) |
| Gruppe der Süßstoffe | Chlorierte Zucker |
| Entdeckung | in den 60er Jahren bei der Untersuchung der Eigenschaften chlorierter Zucker. (vgl. Danzel 1996) |
| Eigenschaften | weißes, kristallines, fast geruchloses, leicht hygroskopisches Pulver |

| | |
|---|---|
| | $M_R$: $M_R$: 397,63 (Danzel 1996)<br><br>leicht löslich in Wasser (2,8 g/ml) (Danzel 1996, Römpp 1996-1999), spärlich löslich in Ethanol, unlöslich in Lipiden (Danzel 1996) |
| Stabilität | große Stabilität (Belitz 2001, S.436) entspricht der von Zucker. Die saure Hydrolyse, die beim Zucker ebenfalls stattfindet, ist um 2 Zehnerpotenzen langsamer. Sucralose zersetzt sich in trockenem Zustand bei hohen Temperaturen, es tritt dann eine rosa-braune Verfärbung auf (Danzel 1996). Sucralose wird ansonsten als eine inerte Verbindung beschrieben. |
| Mikroorganismen | Mikroorganismen können diese Chlorverbindung nicht angreifen, ihr Wachstum wird durch Sucralose keinesfalls begünstigt, Sucralose ist entsprechend nicht kariös. (Danzel 1996) |
| Süßkraft | etwa 600 (Danzel 1996)<br>650 im Vergleich zu 10%iger Saccharoselösung (Belitz 2001, S.436) |
| Süßeigenschaften | angenehmer Süßgeschmack (Belitz 2001, S.436), schmeckt ähnlich wie Zucker, die Süße lässt allerdings langsamer nach als beim Zucker. (Danzel 1996) |
| Synergismus | synergistische Effekte wurden mit Acesulfam K, Cyclamat, und Saccharin, Fructose und verdünnter Saccharose beobachtet, jedoch nur geringe bis keine synergistischen Effekte zeigten sich mit Aspartam. (Danzel 1996) |
| Verwendung | Sucralose wird hauptsächlich für Getränke verwendet, aber durch seine Ähnlichkeit mit der Saccharose kann sie in fast allen Bereichen eingesetzt werden, wir z.B. in Kaugummi, Konfekt, Milchprodukten, pharmazeutischen Produkten, Frühstückscerealien und Backwaren. (Danzel 1996) |
| Verwertung im Körper | keine, wird unverändert wieder ausgeschieden, da die Sucralose unantastbar für alle im Zuckerabbau vorkommenden Enzyme ist. (Danzel 1996) |
| ADI-Wert | 0-15 mg/kg (WHO) (Römpp 1996-1999) |
| Herstellung | |
| Zulassung | Sucralose war bisher nur in sehr wenigen Ländern zugelassen (Ka- |

| | nada, Mexiko, Australien, Kolumbien, Russland, u.a.), seit 1998 auch in den USA zugelassen. (Danzel 1996, Römpp 1996-1999), aber nicht in Deutschland (Baltes 2000, S.183) |
| --- | --- |

## 8.20  Sucrononat

**Abbildung 8.13**

| weitere Namen | N-[N-Cyclononylamino(4-cyanophenylimino)methylglycin, sucrononate bzw. sucrononic acid (engl.) (Tinti 1991) |
| --- | --- |
| Gruppe der Süßstoffe | modifizierte Aminosäure (Tinti 1991) |
| Entdeckung | 1987, entwickelt von Nofre & Tinti nach ihrem Rezeptormodell (Tinti 1991) |
| Eigenschaften | |
| Stabilität | |
| Mikroorganismen | |
| Süßkraft | 200 000 (Corti 1999, S.26) |
| Süßeigenschaften | |
| Synergismus | |
| Verwendung | |
| Verwertung im Körper | |
| ADI-Wert | |
| Herstellung | |
| Zulassung | |

## 8.21 Suosan

| | |
|---|---|
| weitere Namen | N-(Ethyl)-N-(4-nitrophenyl)-harnstoff (Belitz 2001, S433) |
| Gruppe der Süßstoffe | Harnstoff Derivat (Corti 1999, S.29) |
| Entdeckung | |
| Eigenschaften | |
| Stabilität | |
| Mikroorganismen | |
| Süßkraft | 300 (Bartholome 1982)<br>700 im Vergleich zu 2 %iger Saccharoselösung<br>(Belitz 2001, S.433)<br>350 (O'Brien Nabors 2001) |
| Süßeigenschaften | |
| Synergismus | |
| Verwendung | |
| Verwertung im Körper | |
| ADI-Wert | |
| Herstellung | |
| Zulassung | War nur kurze Zeit im Handel. |

## 8.22 Thaumatin

| | |
|---|---|
| weitere Namen | Talin™ (Kinghorn 2002, S.7), E 957 |
| Gruppe der Süßstoffe | Protein |
| Entdeckung | Die Pflanze *Thaumatococcus danielli* („Katemfe" (Römpp 1996-1999)) wurde schon vor Jahrhunderten von der einheimischen Bevölkerung Westafrikas (Sierra Leone bis Zaire) zum Süßen von Speisen, wie Brot und Palmenwein benutzt. 1855 wurde die Pflanze wissenschaftlich beschrieben und nach Dr. W.F. Daniell be- |

| | |
|---|---|
| | nannt. 1972 haben Van der Wel und Loewe die Süßstoffe Thauma-tin I und Thaumatin II aus der Frucht dieser Pflanze isoliert. Später wurden noch drei weitere süße Proteine aus dieser Pflanze isoliert, man nennt sie Thaumatin a bis c (vgl. Danzel 1996) |
| Eigenschaften | Thaumatin ist ein Protein, das aus zwei Peptidketten mit insgesamt 207 Aminosäuren besteht.(Danzel 1996, Römpp 1996-1999)<br>cremefarbenes, hygroskopisches Pulver<br>$M_R$: 21 000 - 22 000 (Baltes 2000, Römpp 1996-1999)<br>gut in Wasser löslich (60g/100ml bei 25°C) (Römpp 1996-1999) |
| Stabilität | Thaumatin ist recht stabil bis zu 100°C über mehrere Stunden bei einem pH-Wert von 5,5. (36) Ab einer Temperatur von 172-174°C bricht die Proteinstuktur zusammen. (vgl. Danzel 1996) Bei Raum-temperaturen bleibt es stabil bei pH-Werten von 1 bis 9 |
| Mikroorganismen | |
| Süßkraft | etwa 2 000 bis 3 000 auf Gewichtsbasis<br>etwa 100 000 auf molarer Basis (Danzel 1996, Römpp 1996-1999) |
| Süßeigenschaften | Der Süßgeschmack ist deutlich anders als Saccharose, er setzt mit deutlicher Verspätung ein und hat einen langen Nachgeschmack, der als lakritzartig beschrieben wird (vgl. Danzel 1996) |
| Synergismus | synergistische Effekte wurden mit Saccharin, Acesulfam K, Stevi-osid, Cyclamat und Aspartam beobachtet. Die Einsparungsmög-lichkeiten sind in diesem Bereich enorm, da bei einigen Produkten eine 30%ige Reduzierung der Aspartammenge vorgenommen wer-den kann, wenn man 10 ppm Thaumatin hinzufügt. (zitiert in Dan-zel 1996) |
| Verwendung | Die am weitesten verbreitete Verwendung ist die als Geschmacks-verstärker. Als solcher wird Thaumatin in Fischprodukten, Eiern, Seegras, Kaffee, Milch, Schokolade, Sojasoße, Fruchtauszügen, Krabbenaroma und Menthol verwendet. Beim Kaffeearoma wird behauptet, dass geringste Mengen Thaumatins bereits eine Verstär-kung des Aromas von 10 bis 15 Prozent verursacht.<br>Bei Produkten mit scharfem, würzigem Geschmack wie Knob-lauch, Zwiebel, Muskatnuss, Ingwer und Meerrettich wurde eine appetitanregende Stimulierung festgestellt. In Japan wird Thauma- |

| | tin für Fisch- und Fleischprodukte, für Zigarettenfilter und für die „sehr bekannten canned iced coffees" (Danzel 1996) verwendet. Eine sehr gute Anwendungsmöglichkeit als Süßstoff bietet Kaugummi, der süße Geschmack wird dort so nicht leicht herausgespült wie bei den anderen Süßungsmitteln. Thaumatin wird in den USA schon seit einigen Jahren bei Kaugummi eingesetzt. (Danzel 1996)<br>In neuester Zeit versucht man Thaumatin in Softdrinks, Säften, auf Milch basierende Getränke, Tee und Kaffee und in Sport- und Gesundheitsgetränken einzusetzen, geringste Mengen (0,5 ppm) ersetzen bereits viel Saccharose (2 Stückchen Zucker) ohne den Geschmack zu verändern. (vgl. Danzel 1996) |
|---|---|
| Verwertung im Körper | Der physiologische Brennwert beträgt 4 kcal/g, da es sich um ein Protein handelt. In Anbetracht der geringen Mengen, die verwendet werden und der relativ hohen Süßkraft, muss der Süßstoff in allen praktischen Anwendungen als kalorienfrei betrachtet werden. (Danzel 1996) Thaumatin wird wie die meisten anderen Proteine im Körper abgebaut. |
| ADI-Wert | Die WHO hat keinen ADI –Wert festgelegt, da man aus keiner einzigen bekannten Studie auf eine Gefahr für den Menschen schließen konnte. Man hat berechnet, dass eine Einnahme der 80 000 fachen erwarteten täglichen Dosis immer noch sicher ist. (Danzel 1996)<br>Immunologische Kreuzreaktion mit Monellin (Römpp 1996-1999) |
| Herstellung | Zur Isolierung von Thaumatin werden die Früchte von *Thaumatococcus* mit bis zu 1%igen wässrigen Lösung von Aluminium-Salzen extrahiert. Aus diesem Extrakt lässt sich Thaumatin an Kationenaustauscher binden. Die Ausbeute liegt bei weniger als 1g pro kg eingesetzte Früchte. Man versucht allerdings inzwischen die Proteinketten gentechnisch herzustellen. (Baltes 2000, S.182) |
| Zulassung | Thaumatin ist als Süßstoff und Geschmacksverstärker zugelassen in Europa, USA, Südafrika, Australien, Neuseeland und Japan. In Kanada ist es als geschmackgebende Zutat zugelassen. (Danzel 1996) |

| | Vermutlich verdankt das Thaumatin seine Zulassung der Tatsache, dass aufgrund seiner hohen Süßkraft es in nur sehr geringen Mengen eingesetzt werden muß. (Baltes 2000 S.182) |

## 8.23 Ultrasüß

| | |
|---|---|
| weitere Namen | P-4000, 5-Nitro-2-propoxyanilin (Römpp 1996-1999) |
| Gruppe der Süßstoffe | Nitroaniline (Corti 1999, S.29, Bartholome 1982) |
| Entdeckung | |
| Eigenschaften | gelbe, kristalline Verbindung<br>$M_R$: 196,20<br>Schmp. 47,5-48,5°C<br>Löslichkeit: 140 mg/l (Römpp 1996-1999) |
| Stabilität | |
| Mikroorganismen | |
| Süßkraft | etwa 6 000 bis 10 000 (in bezug auf Saccharose)<br>etwa 30 bis 60 (in bezug auf Aspartam) (Römpp 1996-1999) |
| Süßeigenschaften | |
| Synergismus | |
| Verwendung | |
| Verwertung im Körper | |
| ADI-Wert | |
| Herstellung | |
| Zulassung | Ultrasüß wurde aufgrund seiner lokalanästhetischen Wirkung in den USA nie zugelassen und ist auch in Deutschland nicht als Süßstoff zugelassen. (Römpp 1996-1999) |

## 8.24  Weitere Süßstoffe

Im Folgenden möchte einige Süßstoffe auflisten, von denen nur sehr wenigen Daten
vorliegenden, so dass ein gesonderter Steckbrief für diese nicht gerechtfertigt wäre.

**Baiyunoside** wurde aus *Phlomis betonicoides* Diels, bekannt aus der traditionellen chi-
nesischen Medizin, isoliert. Ihre Süßkraft beträgt 500 und ihr Nachgeschmack hält län-
ger als eine Stunde an. (vgl. O'Brien Nabors 2001, S.218f)

**Bernadame**, **Crononate** und **Lugduname** sind die süßesten Verbindungen mit einer
Süßkraft über 200 000. (vgl. Corti 1999, S.35)

**Curculin** ist ein Geschmackswandler, nach einigen Minuten verschwindet der süße
Geschmack im Mund, der jedoch beim Spülen mit Wasser wieder auftritt. Die Süßkraft
beträgt 970 (vgl. Belitz 2001, S.430)

**Glycyrrhizinsäuremonoglucuronid** (MGGR) ist enzymatisch gespaltenes Glycyrrhizin, welches  in Japan als Süßstoff und Geschmacksverstärker zugelassen ist. (vgl.
O'Brien Nabors 2001, S.210)

**Miraculin** ist selbst ohne Geschmack, hat aber die Eigenschaft sauren Lösungen eine
süße Geschmacksrichtung zu verleihen. Erst bei saurem pH-Werten entfaltet es seinen
süßen Geschmack und wird deshalb wie Miraculin ebenfalls als Geschmackswandler
bezeichnet. (vgl. Belitz 2001, S.430)

**Superaspartam** ist eine Verbindung von Strukturelemenden des Sousan und des Aspartams, seine Süßkraft beträgt 14 000. (vgl. Belitz 2001, S.431)

Dies ist nur eine sehr kleine Auswahl, in der Fachliteratur ist die Anzahl der beschriebenen Süßstoffe sehr groß. Alle diese Verbindungen aufzulisten ist im Rahmen dieser
Arbeit nicht möglich.

# 9   Zusammenfassung

Das von mir gewählte Thema Süßstoffe kann im Rahmen dieser von mir vorgelegten Arbeit nicht vollständig behandelt werden. Mein persönliches Ziel war es, einen Überblick über Süßstoffe und ihre wichtigsten Merkmale und Eigenschaften zu erstellen:

1. Eine kurze geschichtliche Abhandlung der Entdeckung und Erforschung der Süßstoffe
2. Theorien zur Entstehung des Geschmackseindruckes ‚süß'
3. Abgrenzung der Süßstoffe von anderen Süßungsmitteln
4. Beschreibung der wichtigsten und interessantesten Eigenschaften, insbesondere des Synergismus
5. Gefahren erläutern
6. Vorstellung der wichtigsten Süßstoffe

Die Literatur bietet zu diesem Thema noch weit mehr, als in dieser Arbeit dargestellt werden konnte.

Insbesondere die Entwicklung neuer Süßstoffe bringt eine Fülle neuer Aufsätze und Artikel hervor. Schwierig war dabei die wissenschaftliche Relevanz der einzelnen Quellen zu erkennen. Die Forschung ist deutlich weiter als die Definition der Süßstoffe reicht. Ein Süßstoff ist nach dieser Definition erst ein Süßstoff, wenn er in Nahrungsmitteln eingesetzt werden kann. Wann aber kann man von einem Stoff behaupten, dass er in Lebensmitteln verwendet werden kann? Ein süßer Geschmack allein reicht nicht aus. Einige Stoffe, die nie in Lebensmitteln eingesetzt werden, müssen dennoch Süßstoff genannt werden und hier aufgelistet werden, da sie aus verschiedenen Gründen bedeutend für die Forschung sind oder waren.

Ich betrachte meine Arbeit als einen Einstieg, der einen Überblick über dieses wichtige Thema der Lebensmittelchemie verschafft.

# Quellenverzeichnis


**Baltes**, Werner (2000): Lebensmittelchemie, 5. vollst. überarbeitete, Berlin u.a.

**Bänsch,** Axel (1999): Wissenschaftliches Arbeiten, 7., verbesserte Auflage, München u.a.

**Barros**, R. (1997): Süssstoff Köln

**Bartholome**, Ernst; Ullmann, Fritz (1982): Ullmanns Ezcyklopaedie der technischen Chemie, Band 22, 4., neubearb. und erw. Auflage, S.353 - 365

**Bässler**, K.H. (1990): Zucker - Ernährungsmedizinische Bedeutung von Zucker - Eine Bestandsaufnahme, Darmstadt

**Belitz**, Hans-D. et al. (2001): Lehrbuch der Lebensmittelchemie, 5. vollst. Überarbeitete, Berlin u.a.

**Bogensberger,** Sieglinde et al. (1999) : Roche – Lexikon der Medizin, 4. neubearbeitete und erweiterte Auflage, München u.a.

**Bünting**, Karl-D.; Ader, Dorothea (1993): Fremdwörterlexikon, Chur

**Classen**, H.-G.; Hapke H.-J. (1997): Fremdstoffe in Lebensmitteln – Zusätze, Verunreinigungen und Rückstände, Stuttgart

**Corti**, Antonietta (1999): Low-Calorie Sweeteners: Present and Future, Basel

**Danzell**, Janet M. (1996): Ingredients Handbook - Sweeteners, Leatherhead (In den Steckbriefen bezieht sich diese Quelle auf das entsprechende Kapitel des Süßstoffs)

**Diehl**, Johannes-F. (2000): Chemie in Lebensmitteln –Rückstände, Verunreinigungen, Inhalts- und Zusatzstoffe, Weinheim

**Duden** (1974): Das Fremdwörterbuch,3., neu bearbeitete und erweiterte Auflage, Mannheim u.a.

**Duden** (1986): Die Rechtschreibung ,19., völlig neu bearbeitete und erweiterte Auflage, Mannheim u.a.

**Elinav,** Eran; Chajek-Shaul, Tova (2003): Licorice consumption causino severe hypokalmie paralysis, Mayo Clinic Proceedings, 78, S.767-768

**Elmadfa**, I. (1991): GU Kompaß E-Nummern – Lebensmittelzusatzstoffe

**Elze**, Reinhard; Repgen, Konrad (1999): Studienbuch Geschicht II, 5. Auflage, Stuttgart

**Erbrecht**, Rüdiger (1999): Das große Tafelwerk, 1. Auflage, Berlin

**Fessler**, Beate (2000): Naturgesund – Naturheilmittel, München

**Großklaus**, Rolf; Pahlke, Günter (1988): Einsatz von Zuckersubstituenten im Kampf gegen Karies, München

**Hecker**, E. (1929): Über die Einwirkung einiger moderner Desinfektionsmittel sowie von Koffein und Süßstoff auf fermentative Prozesse, Jena

**Hess**, L. (1921): Über den Süßstoff Dulcin seine Eigenschaften und Verwendung, Berlin

**Hildebrandt**, Helmut(1994): Pschyrembel - Medizinisches Wörterbuch, 257. Auflage, Hamburg

**Huber**, J.-Christian (1995): Diss.: Der Einflüß der Süßstoffe Acesulfam-K und Steviosid auf die Sekretion Gastrointestinaler Hormone beim Menschen (Diss.), Ulm

**Jäger**, Alfred et al. (1992): Zuckeralkohole und Süßstoffe, Hamburg

**Kinghorn** A. Douglas; Soejarto, Djaja D. (2002): Discovery of terpenoid and phenolic sweeteners from Plants, 74, 7, 2002, Pure and Applied Chemistry, 1169-1179

**Kinghorn**, A. Douglas (2002): Stevia - the genus Stevia , London u.a.

**Kitagawa**, Isao (2002): Licorice root. A natural sweetener and an important ingredient in Chinese medicine, Pure and applied chemistry, 74, S.1189-1198

**Krutošíková**, Alžbeta; Uher, Michael (1992): Natural and synthetic sweet substances, Bratislava

**Kupferschmied**, Werner (2001): Kleine Kulturgeschichte unserer Lebensmittel, 1. Auflage, Berlin

**Lipinski**, Rymon (1985): Süßstoffe, Behr's Report: Hilfs- und Zusatzstoffe 2, Hamburg

**Lipinski**, Rymon (1990a): Handbuch Süßungsmittel, Auflage 1991, Hamburg

**Lipinski**, Rymon (1990b): Multiple Sweeteners, International food marketing & technology, Nürnberg, S.22-25

**Lipinski**, Rymon (1993): Properties and applications of acesulfam-K, 45, 12, Sydney, 1993, Food Australia, S.588-592

**Macholz**, R. (1989); Lewerenz, Hans-J.: Lebensmitteltoxikologie, Berlin

**McCann**, Joseph E. (1990): Sweet Success - How Nutrasweet created a billion Dollar Business, Homewood

**Mehnert**, H. (1988): Zuckeraustauschstoffe und Süssstoffe, München

**Messinger,** Heinz et al. (1990): Langenscheidts Taschenwörterbüch Englisch, vollständige Neubearbeitung, Berlin u.a.

**Microsoft**® (2003): Encarta® Enzyklopädie Professional 2003. © 1993-2002 Microsoft Corporation

**Mitchell**, Helen (2003): Special Highlight: Overview of Sweeteners, AGROFood industry hi-tech, 14, S.17-19

**Nelson**, Amy L. (2000): Sweeteners Alternative, St. Paul

**Nofre**, Claude; Tinti, Jean-M. (2000): Neotame: discovery, properties, utility, 69, 3, London, 2000, Food Chemistry, S.245-258

**O'Brien Nabors**, Lyn (2001): Alternative Sweeteners, Third Edition, Revised and Expanded, New York u.a.

**Oser**, B.L. (1985): Highlights in the History of Saccharin Toxicology, Food and Chemical Toxicology, 23, Oxford, S.535-542

**Ragotsky**, K. (2000): Abschlußbericht an das BMfWFT – Projekt 0311430/0: Naturstoffe als neue funktionelle Salz- und Süßstoffe zur Gesundheitsprophylaxe Forschungsvorhaben, Hamburg

**Richtlinie der Kommision** (2003): 91/321/EWG, 14. Mai 1991, Amt für amtliche Veröffentlichungen der Europäischen Gemeinschaft, (siehe Anhang)

**Richtlinie des Europäischen Parlaments und des Rates (2003)**: 94/35/EWG, 30. Juni 1994, Amt für amtliche Veröffentlichungen der Europäischen Gemeinschaft

**Römpp**, Hermann; Falbe, Jürgen (1996-1999): Römpp-Lexikon Chemie A-Z, 10. Auflage, Version 1.1 – 2.0 (CD-Version), Stuttgart

**Roth**, Lutz; Daunderer, Max; Kormann, Kurt (1994): Gift-Pflanzen-Gifte, 4., überarbeitete und wesentlich erw. Auflage, Landsberg/Lech

**Saltmarsh**, Mike (2000): Essential Guide to Food Additives, Leatherhead

**Schlieper**, Cornelia A. (1988): Grundfragen der Ernährung, 8. Auflage, Würzburg u.a.

**Schwedt**, Georg (1999): Taschenatlas der Lebensmittelchemie, Stuttgart, Kapitel Lebensmittelzusatzstoffe

**Smith**, Jim (1991): Food additive user's handbook, Reprint 1996, Glasgow

**Tinti**, Jean-Marie.; Nofre, Claude; (1991): Why Does a Sweetener Taste Sweet, Walters, Eric et al., Sweeteners - Discovery, molecular Design and Chemoreception, Washington DC

**Tschanz**, Christian (1996): The clinical Evaluation of a Food Additive - Assessment of Aspartame, Boca Raton, 1996, CRC Press, Inc.

**US Food and Drug Administration**, Center for Food Safety and Applied Nutrition: Toxicological Priciples for the Safety Assessment of Direct Food Additives and Color Additives Used in Food, 1993

Broschüre der **Verbraucher-Zentrale** (1998): Was bedeuten die E-Nummern?, 57. Auflage, Nachdruck, Hamburg

**Walters**, Eric et al. (1991): Sweeteners - Discovery, molecular Design and Chemoreception, Washington DC

**Watson,** David H. (2000): Food Chemical safety, Volume 2: Additives, Cambridge

**Wilke**, Hans-P. et al. (2001): Entwicklung der Parameter für das Genehmigungsverfahren - Natürlicher Süßstoff aus einer Pflanze für Nahrungsmittel, Getränke und Medikamente, Kaiserslautern

**www.canderel.de/**, 17.10.2003 (siehe Anhang)

**www.joconrad.de/**aspartam.htm, 17.10.2003 (siehe Anhang)

**www.kinderaerzteimnetz.de/**bvkj/aktuelles1/show.php3?id=666&nodeid=26, 17.10.2003 (siehe Anhang)

**www.natreen.de/**natreen.php, 17.10.3003 (siehe Anhang)

**Erklärung:**

Ich versichere, dass ich die vorliegende Arbeit ohne fremde Hilfe verfasst und keine anderen Quellen und Hilfsmittel als die angegebenen benutzt habe. Die Stellen der Arbeit, die anderen Werken vom Wortlaut oder dem Sinn nach entnommen sind, habe ich unter Angabe der Quellen als Entlehnung kenntlich gemacht. Mir ist bekannt, dass gemäß § 17 der Rechtsverordnung die Prüfung wegen einer Pflichtwidrigkeit (Täuschung u.ä.) für nicht bestanden erklärt werden kann

Rostock, 20.10.2003

# Anhang

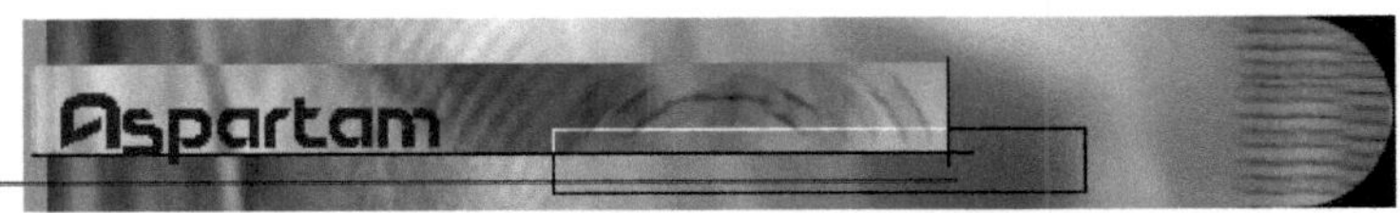


Aspartam ist es eine der gefährlichsten Substanzen, die jemals als "Lebensmittel" auf die Menschheit losgelassen worden ist und unter "NutraSweet", "Equal", "Spoonful" und "Equal-Measure" in den Handel und die Lebensmittel kommt. Es wurde 1965 per Zufall entdeckt, als James Schlatter, ein Chemiker der Firma G.D. Searle Company, eine Droge gegen Geschwüre getestet hat.

Wie im Februar 1994 vom Department of Health und Human Services berichtet wurde, gibt es 90 verschiedene Symptome dokumentiert, die von Aspartam verursacht sind, u.a. Kopfschmerzen/Migräne, Schwindelgefühle, Anfälle, Übelkeit, Starrheit, Muskelkrämpfe, Gewichtszunahme, Hautausschläge, Depression, Müdigkeit, Reizbarkeit, Schlaflosigkeit, Sehschwierigkeiten, Hörverlust, Herzklopfen, Herzrhythmusstörungen, Atmungsschwierigkeiten, Beklemmungen, undeutliche Aussprache, Geschmacksverlust, Tinnitus, Schwindelanfälle, Gedächtnisverlust und Gelenkschmerzen. Außerdem können folgende chronische Krankheiten durch die Einnahme von Aspartam ausgelöst oder verschlimmert werden: Gehirntumore, Multiple Sklerose, Epilepsie. chronische Müdigkeit, Parkinson, Alzheimer, geistige Behinderung, Lymphgefäßerkrankungen, Geburtsfehler, Blutgerinnungsstörungen, Gefäßerkrankungen und Diabetes. Aspartam besteht aus drei Chemikalien: Asparagin-Säure, Phenylalanin und Methanol, die allesamt hohe Gesundheitsrisiken bergen.

Im Buch "Prescription for Nutritional Healing" von James und Phyllis Balch wird Aspartam als "chemisches Gift" aufgeführt.. Asparagin- Säure(-CH2COOH = Asp 40% der Bestandteile von Aspartam)

Dr. Russell B. Bhylock, Prof. der Neurochirugie der Medizinischen Universität von Mississippi, hat vor kurzem ein Buch herausgegeben, das die Schäden der übermäßigem Einnahme von Asparagin-Säure aus Aspartam detailliert beschreibt. Aspartam besteht zu 40% aus dieser Asparagin-Säure;Glutamin-Säure ist zu 99%Monosodiumglutamat (MSG).Der von MSG verursachte Schaden wird auch in Blaylocks Buch behandelt.Blaylock führt Referenzen von fast 500 Wissenschaftlern auf, um zu zeigen, wie übermäßige Mengen vonfreien radikalen Aminosäuren wie Asparagin-Säure und Glutamin-Säure in unseren Nahrungsmitteln ernste chronische neurologische Störungen und viele andere akute Symptome verursachen.

Wie Asparagin und Glutamin Schäden verursachen

Asparagin und Glutamin fungieren als Neurosender im Gehirn, indem sie die Übermittlung von Information von Neuron zu Neuron vereinfachen.

Zu viel Asparagin oder Glutamin im Gehirn tötet bestimmte Neuronen, indem sie zu viel Calzium in den Zellen zulassen.Dieser Calziumzufluß löst die Bildung von übermäßigen Mengen freier Radikale aus, die die Zellen töten.Die Beschädigung der Nervenzellen, die durch zu viel Asparagin und Glutamin verursacht werden kann, ist der Grund weshalb sie Reiztoxine genannt werden.Sie "reizen" oder stimulieren die Nervenzellen zu Tode.

Asparagin-Säure ist eine Aminosäure.

In ihrer freien Form (Proteinunabhängig) erhöht sie wesentlich die Mengen von Asparagin und Glutamin im Blutplasma. Überschüssiges Asparagin und Glutamin im Blutplasma führen, kurz nach der Einnahme von Aspartam oder Produkten mit freier Säure (Vorstufen von Glutamin), zu einer hohen Menge dieser Neurosender in bestimmten Teilen des Gehirns.

Die Bluthirnschranke, eine Barriere im Gehirn die normalerweise das Gehirn vor übermäßigen Mengen an Glutamin und Asparagin sowie allgemein vor Giften aus dem Blut schützt, ist während der Kindheit nicht voll entwickelt, und schützt dadurch nicht alle Teile des Gehirns vollständig. Ist sie durch viele chronischen und akuten Zustände geschädigt, so wird das Durchsickern von übermäßigen Mengen an Glutamin und

**Aspartam** ins Gehirn ermöglicht, auch wenn sie intakt ist. Zu viel Glutamin und Asparagin fangen langsam an, die Neuronen zu zerstören. Eine große Mehrheit (75%+) der Nervenzellen in einem bestimmten Teil des Gehirns sterben ab, bevor klinische Symptome einer chronischen Krankheit bemerkt werden. Einige der vielen chronischen Krankheiten, zu welchen das lange Ausgesetztsein von anregenden Aminosäuren-Schäden beisteuert, sind: MS, ALS, Gedächtnisverlust, Hormonprobleme, Hörverlust, Epilepsie, Alzheimer, Parkinson, Wassersucht , AIDS Wahnsinn, Gehirnschädigungen, und neuroendokrineErkrankungen.

Die Risiken der Einnahme von Reiztoxinen für Säuglinge, Kinder, Schwangere, ältere Menschen und Personen mit bestimmten chronischen Gesundheitsproblemen sind groß.

Auch die Föderation der amerikanischen Gesellschaften für experimentelle Biologie (Federation of American Societies for Experimental Biology, FASEB), die Probleme gewöhnlich verniedlicht und die FDA-Linie einnimmt, stellte kürzlich in einem Bericht fest, daß es klug wäre, wenn Schwangere, Säuglinge und Kinder den Gebrauch der Diätergänzungen wie L-Glutamin-Säure vermeiden würden.

Die Existenz von Beweisen der potentiellen endocrinen Reaktionen, z.B. erhöhten Cortisol- und Prolactinspiegel, sowie unterschiedliche Hormonreaktionen zwischen Männern und Frauen könnte auch einen Zusammenhang andeuten. Die zusätzliche Gabe von L-Glutamin-Säure sollte von Frauen im Gebäralter und Personen mit Affektkrankheiten vermieden werden.

Asparagin-Säure von **Aspartam** hat die gleichen schädlichen Wirkungen im Körper wie Glutamin-Säure.

Über den genauen Mechanismus der akuten Reaktionen zu übermäßig viel freien Asparagin- und Glutamin-Säure wird momentan debattiert. Wie der FDA berichtet wurde, sind diese Reaktionen: Kopfschmerzen/Migräne, Übelkeit, Unterleibschmerzen, Müdigkeit (verhindert den Eintritt von Glukose ins Gehirn), Schlaf- und Sehschwierigkeiten, Beklemmungen, Depression und Asthma/Brustenge.

Eine allgemeine Beschwerde von Personen, die unter der Wirkung von **Aspartam** leiden, ist Gedächtnisverlust.Ironischerweise suchte der Hersteller von **Aspartam**, G.D. Searle, im Jahre 1987 eine Droge, um den Verlust des Gedächtnisses, der durch die erregende Aminosäure Schädigung verursacht wird, zu bekämpfen.

Blaylock ist einer von vielen Wissenschaftlern und Ärzten, die sich um die erregenden Aminosäure-Schädigung durch Einnahme von

**Aspartam** und MSG Sorgen machen.Einer der vielen Experten, die sich gegen die Schädigung ausgesprochen haben ist Adrienne Samuels Ph.D., ein Experimentalpsychologe, der sich im Forschungsentwurf spezialisiert hat.Ein anderer ist Dr. John Olney, Prof. der Psychiatrie, Schule der Medizin der Washingtoner Universität, ein Neurowissenschaftler und Forscher und einer der weltbekanntesten Autoritäten für Reiztoxine (Im Jahre 1971 teilte er der Firma Searle mit, daß die Säure Löcher in Mäusegehirnen verursacht hat).Mit dabei ist Francis J. Waickman, Dr. med., ein Empfänger des Rinkel und Forman Preises und amtlich anerkannt in Kinderkrankheiten, Allergien und Immunologie.

Andere besorgte Wissenschaftler sind John R. Hain, Dr. med., amtlich zugelassene Gerichtspathologe und H.J. Roberts, Dr. med.. F.A.C.P., F.C.C.P., Diabetesspezialist und in einer nationalen medizinischen Publikation als "bester Arzt der Vereinigten Staaten" auserkoren.

John Samuels ist auch besorgt.Er erstellte eine Liste der wissenschaftlichen Forschungsergebnisse, die genügt, um die Gefahren der übermäßigen Einnahme von freier Glutamin-und Asparagin-Säure zu zeigen.Es gibt viele mehr, die hier aufgeführt werden können.

Phenylalanin ( -CH2-CH2_C6H6 =Phe 50% der **Aspartam**-Bestandteile)

Phenylalnin ist eine Aminosäure, die üblicherweise im Gehirn vorhanden ist.

Personen mit der genetischen Krankheit der Phenylketonorie (PKU) können Phenylalanin nicht umwandeln.Dies führt zu gefährlich hohen Mengen an Phenylalanin im Gehirn (manchmal tödlich).

Bei einer Einnahme von Aspartam - insbesondere im Zusammenhang mit Kohlehydraten - wurde gesehen, daß auch Menschen, die nicht am PKU erkrankt sind, große Mengen von Phenylalanin im Gehirn anreichern können.Dies ist nicht einfach eine Theorie, da diese nicht an PKU Erkrankten, die lange Zeit große Mengen an Aspartam zu sich nahmen, viel Phenylalanin im Blut hatten.

Große Mengen Phenylalanin im Gehirn können eine Abnahme von Seratonin in Gehirn verursachen, die in emotionalen Krankheiten wie z.B. Depression ausarten kann.

Menschliche Versuchsreihen haben gezeigt, daß die Phenylalaninmenge im Blut durch die ständige Einnahme von Aspartam wesentlich erhöht wird.Sogar eine einmalige Anwendung hat die Menge an Phenylalanin im Blut ansteigen lassen.

Vor dem amerikanischen Kongreß zeigte Dr. Louis J. Elsas auf, daß sich hohe Mengen am Blut-Phenylalanin in verschiedenen

Teilen des Gehirns konzentrieren können, was sehr gefährlich für Säuglinge und Föten ist.Er hat auch gezeigt, daß Ratten Phenylalanin besser umsetzen können als Menschen.

Im "Wednesday Journal" erschien vor kurzem in einem Artikel "An Aspartam Nightmare" (Ein Aspartam-Alptraum) ein Bericht über extrem hohe Phenylalaninmengen verursacht durch Aspartam.John Cook fing an, 6 bis 8 Diätgetränke am Tage zu trinken.Die ersten Symptome waren Gedächtnisverlust und häufige Kopfschmerzen.Es verlangte ihn nach mehr Getränken, die mit Aspartam versetzt waren.Sein Zustand verschlechterte sich so sehr, daß er das Opfer von Launenhaftigkeit und heftigen Wutanfällen wurde.Obwohl er kein PKU-Erkrankter war, wurde durch eine Blutanalyse eine Phenylalaninmenge von 80 mg/dl festgestellt.Die Analyse zeigt auch abnormale Gehirnfunktion und Gehirnschäden auf.Nachdem er diese Angewohnheit aufgab, verbesserten sich seine Symptome dramatisch.

Wie Blaylock in seinem Buch andeutet, waren frühere Studien der Phenylalanin-Zunahme im Gehirn fehlerhaft.

Forscher, die spezifische Gehirnregionen maßen und nicht den Durchschnitt im Gesamtgehirn, stellten wesentliche Steigerungen der Phenylalaninmengen fest. Speziell der Hypothalamus, die Medulla Oblongata und der Corpus Striatum zeigten die größte Ansammlung an Phenylalanin in den Gehirnteilen.Blaylock führt weiter aus, daß diese massive Steigerung von Phenylalanin im Gehirn Schizophrenie oder eine Empfänglichkeit für Anfällen verursachen kann.

Daher kann der lang anhaltende Gebrauch vom Aspartam eine Verkaufssteigerung der Mittel wie Prozac und Drogen, die Schizophrenie und Anfälle kontrollieren, bedeuten, die die Wiederaufnahme von Seratonin hemmen.

Methanol, auch als Holzalkohol bekannt ( CH3OH 10% des Aspartam) Methanol / Holzalkohol ist ein tödliches Gift. Einige Menschen werden sich vielleicht an Methanol erinneren, als ein Gift, das einigen Alkoholikern mit Blindheit geschlagen oder Tod beschert hat, zur Zeit eines der schwerwiegendsten Probleme in GUS-Staaten.

Methanol wird im Dünndarm langsam freigesetzt,wenn die Methylgruppe auf das Enzym Chymotryptin trifft. Die Absorbierung von Methanol vom Körper wird erheblich beschleunigt, wenn freies Methanol eingenommen wird.

Wenn Aspartam auf über 30°C (86°F) erhitzt wird, sondert sich freies Methanol ab.Es passiert, wenn ein Aspartam haltiges Produkt schlecht gelagert oder erhitzt wird, z.B. als Teil des "Nahrungs"mittels Yello (Wackelpudding).

Im Körper löst sich Methanol in Ameisensäure und Formeldehyd auf.

Formeldehyd ist ein tödliches Neurotoxin.Eine EPA Einschätzung über Methanol legt dar, daß Methanol "als ein sich anhäufendes Gift angesehen wird wegen des langsamen Ausfliessens nach der Absorbierung.Im Körper wird Methanol zu Formaldehyd und Ameisensäure oxydiert; beide Stoffe sind toxisch".Sie empfehlen eine Beschränkung auf 7,8 mg täglich.Ein Liter (ca. 1 quart) eines mit Aspartam gesüßten Getränks enthält ca. 56 mg Methanol.Menschen, die sehr viele Aspartam versetze Produkte zu sich nehmen, nehmen bis 250 mg

Methanol täglich oder 32 mal mehr als die EPA-Höchstmengenempfehlung ein.

Symptome der Methanolvergiftung sind: Kopfschmerzen, Summen im Ohr, Benommenheit, Übelkeit, Verdauungsschwierigkeiten, Schwäche, Schwindelanfälle, Abkühlung, Gedächtnislücken, Taubheit, schießende Schmerzen in den Gliedmaßen, Verhaltensstörungen und Nervenentzündungen.

Die meisten bekannten Probleme der Methanolvergiftung sind Sehschwierigkeiten, wie verschwommene Sicht, allmähliche Verringerung des Sichtfeldes, betrübte Sicht, Verdunklung der Sicht, Netzhautschäden und Blindheit.

Formaldehyd ist ein bekanntes Krebs förderndes Gift, es verursacht Netzhautschäden, stört die DNA-Reproduktion und verursacht Geburtsdefekte. Menschen sind viel empfindlicher für die toxische Wirkung von Methanol als Tiere, weil ein paar Schlüsselenzyme fehlen.

Daher zeigen Aspartam- oder Methanolversuche bei Tieren nicht die genaue Gefahr für Menschen auf.

Wie von Dr. Woodrow C. Monte, Direktor des Ernährungslabors der Arizona State University (Food Science md Nutrition Laboratory) angedeutet wurde:"Es gibt keine Menschen- oder Säugetierstudien, um die möglichen Wirkungen der dauerhaften Darreichung von Methylalkohol auszuwerten.

Er war so um die nicht beschlossenen Fragen der Sicherheit besorgt, daß er bei der FDA Klage eingereicht hat, um sich diesbezüglich Gehör zu verschaffen.

Er bat die FDA, "etwas langsamer bei der Frage der alkoholfreien Getränke zu treten, um einige wichtigen Fragen zu beantworten.Es ist nicht fair, daß Sie uns wenigen mit der ganzen Bürde der Beweisführung belasten, uns, die sich sorgen und nur sehr begrenzte finanzielle Möglichkeiten haben.Wir müssen sie daran erinnern, daß Sie die letzte Verteidigung der amerikanischen Öffentlichkeit sind.Sollten Sie den Gebrauch (von Aspartam) zulassen, gibt es buchstäblich nichts, was ich oder meine Kollegen tun können, um eine Umkehrung einzuleiten. Aspartam wird sich dann zu Saccharin gesellen, den Schwefel-Faktoren, und Gott weiß, wie viele andere fragliche Komponenten sich zusammengetan haben, um die humane Konstitution mit Zustimmung der Regierung zu schädigen".

Kurz danach billigte der Bevollmächtigter der FDA, Arthur Hull Hayes jr., den Gebrauch von

Aspartam in alkoholfreien- Getränken.Er verließ dann die FDA, um eine Stelle bei der Public Relations Firma der G.D. Searle anzunehmen.

Es wurde darauf hingewiesen, daß einige Fruchtsäfte und alkoholische Getränke kleine Mengen von Methanol enthalten.

Es ist jedoch wichtig, sich daran zu erinnern, daß Methanol nie alleine auftritt.In jedem Fall ist Äthanol dabei, gewöhnlich in viel höheren Mengen.Äthanol ist das Gegengift für eine Methanolvergiftung des Menschen.

Die US-Truppen der Golfkriegsaktion "Desert Storm" bekamen große Mengen Aspartam gesüßter Getränke, die durch die Sonne in Saudi Arabien auf über 86°F (30°C) erhitzt wurden, "spendiert".Viele kehrten mit zahlreichen Erkrankungen, die den Symptomen einer Formaldehydvergiftung ähnelten, nach Hause zurück.Das freie Methanol, das in dem Getränken vorhanden ist, kann zu diesen Krankheiten beigetragen haben.Andere Teilsubstanzen von Aspartam wie z.B. DKP (wird weiter unten erwähnt) können auch eine Rolle spielen.

In einem im Jahre 1993 verabschiedeten Gesetz, das nur noch als gewissenlos bezeichnet werden kann, billigte die FDA den Gebrauch von

Aspartam als Zutat in zahlreichen Lebensmitteln, die immer auf über 30°C (86°F) erhitzt werden.

Diketopiperazin (DKP)

Diketopiperazin (DKP) ist ein Nebenprodukt des Stoffwechsels von Aspartam.DKP steht im Zusammenhang mit der Entwicklung von Gehirntumoren.Olney hat beobachtet, daß DKP während der Vermengung mit Stickstoff im Magen eine Verbindung herstellt, die N-Nitrosourea, eine starke Gehirntumor bildende

Chemikalie, ähnlich ist.Einige Autoren behaupten, daß DKP erst nach der Einnahme von Aspartam gebildet wird.Ich weiß nicht, ob dies korrekt ist.Es ist wahr, daß sich DKP in flüssigen Aspartam haltigen Produkte während einer zu langen Lagerung bilden kann.Siehe u.a. Tabelle:

G.D. Searle führte Tierversuche bezüglich der Sicherheit von DKP aus.

Die FDA stellte fest, daß ihr viele Fehler während der Experimente unterlaufen waren: Bürokratische Irrtümer; durcheinander geratene Tiere; Tiere, die die nötigen Drogen nicht bekamen; pathologische Proben gingen durch unsachgemäße Handlung verloren usw.Diese schlampigen Laborhandlungen können erklären, weshalb sowohl Test- als auch Kontrolltiere 16mal mehr Gehirntumore aufwiesen, als man von Experimenten von dieser Länge erwartet.

Ironischerweise wurde kurz nach der Entdeckung dieser Fehler die von G.D. Searle empfohlenen Richtlinien von der FDA übernommen, um die industriellen FDA-Normen für gute Laborpraktiken zu entwickeln.

Dr. Jacqueline Verrett, FDA-Toxologin, sagte vor dem US-Senat aus daß DKP eine Ursache für Gebärmutterpolypen und Veränderungen des Blutcholesterins ist.


Aspartam bedingtes Leiden

 Die Bestandteile von Aspartam können zu vielen verschiedenen Leidensarten führen.Einige dieser Probleme entwickeln sich langsam; andere sind unmittelbare, akute Reaktionen.

Ungeheuer viele Menschen erleiden die durch Aspartam verursachten Symptome, nur haben sie keine Ahnung, weshalb sie keine Abhilfe durch Kräuter oder Drogen bekommen.Es gibt andere Verwender von Aspartam, die scheinbar keine unmittelbare Reaktion haben.Aber auch diese Individuen sind empfindlich für die Langzeitschäden, der durch erregende Aminosäuren, Phenylalanin, Methanol und DKP verursacht wird.Einige der vielen Erkrankungen, die mir unter die Haut gehen, sind wie folgt:

Geburtsfehler

Dr. Diane Dow Edwards, eine Forscherin, wurde von Monsanto bezahlt, um eventuelle Geburtsfehler durch die Einnahme von Aspartam zu untersuchen.Der Geldhahn wurde aufgrund vorläufiger Daten, die Schäden aufzeigten, zugedreht.Ein Genetik Experte der Kinderheilkunde der Emory Universität sagte aus, daß Aspartam Geburtsfehler verursacht.

In dem Buch "While Waiting: A Prenatal Guidebook" von George R. Verrill, Dr. med, und Anne Marie Mueser wird die Aussage gemacht, daß

Aspartam verdächtigt wird, der Verursacher von Gehirntumoren in empfindlichen Menschen zu sein.Einige Forscher haben behauptet, daß hohe Dosen von Aspartam in Verbindung stehen mit Problemen wie Schwindel über sanfte Gehirnveränderungen bis hin zur geistigen Behinderung.

Krebs (Gehirnkrebs)

Satya Dubey, ein Statistiker der FDA, sagte 1981 aus, daß die Gehirntumordaten über Aspartam so "beunruhigend" sind, daß er eine Billigung von "NutraSweet" nicht empfehlen könne.Während einer von dem Aspartam Herstellern durchgeführten zweijährigen Versuchsreihe entwickelten 12 von 320 Ratten, die normal gefüttert und Aspartam bekamen, Gehirntumoren; die Kontrollratten hatten keine.Fünf der zwölf Tumoren kamen in Ratten vor, die eine kleine Dosis von Aspartam erhielten.

Die Genehmigung von Aspartam ist eine Verletzung des Delaney Zusatzartikels, der dafür sorgen sollte, daß krebsverursachende Substanzen wie Methanol, Formaldehyd und DKP nicht in unseren Nahrungsmitteln gelangen.Der verstorbene Dr. Adrian Gross, ein Toxologe der FDA, sagte vor dem US-Kongress aus, daß Aspartam Gehirntumore erzeugt.Die Verordnung einer erlaubten täglichen Einnahme von jeglicher Menge ist demnach für die FDA illegal.Er sagte, daß Searles Versuche "zum größten Teil unzuverlässig" sind, und daß "zumindest eine Studie ohne vernünftige Zweifel dargelegt hat, daß Aspartam dazu imstande ist, Gehirntumore in Versuchstieren zu erzeugen..."

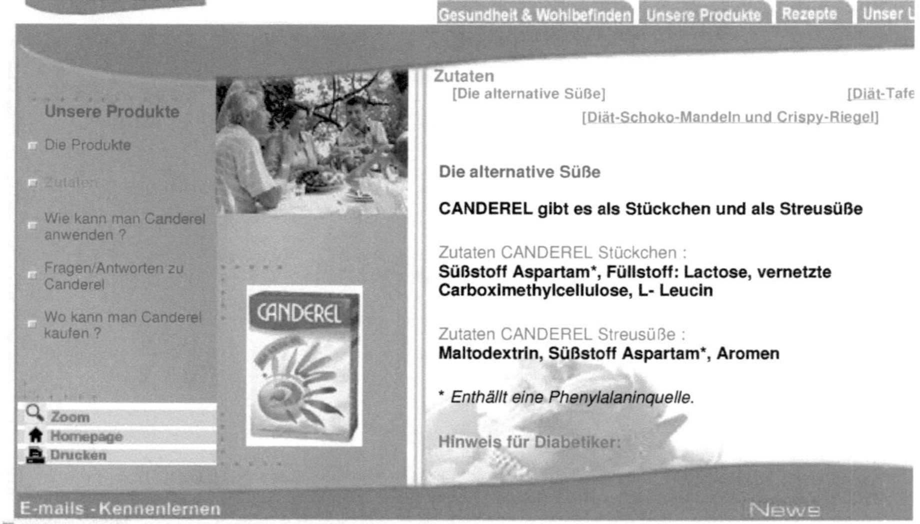


Zutaten
[Die alternative Süße]                    [Diät-Tafe
[Diät-Schoko-Mandeln und Crispy-Riegel]

## Die alternative Süße

**CANDEREL gibt es als Stückchen und als Streusüße**

Zutaten CANDEREL Stückchen :
**Süßstoff Aspartam*, Füllstoff: Lactose, vernetzte Carboximethylcellulose, L- Leucin**

Zutaten CANDEREL Streusüße :
**Maltodextrin, Süßstoff Aspartam*, Aromen**

** Enthällt eine Phenylalaninquelle.*

Hinweis für Diabetiker:



© Merisant 2003

Das erste Jahr
Das Kleinkind
Das Schulkind
Der Teenager
Notdienste
Erste Hilfe
Krankheiten A-Z
Kid's Corner
Aktuelles
Ärzteverzeichnis
Klinikverzeichnis
Rehakliniken
Der Berufsverband
Gesundheitsämter
Sozialpädiatrie
Newsletter-Service
Pressezentrum


Säure Zähne

www.kinderaerzte-im-netz.de
**als startseite**

## @ Aktuelles

Zurück zu den Suchergebnissen

[21.07.2003]

**Nach dem Essen nicht sofort Zähne putzen**

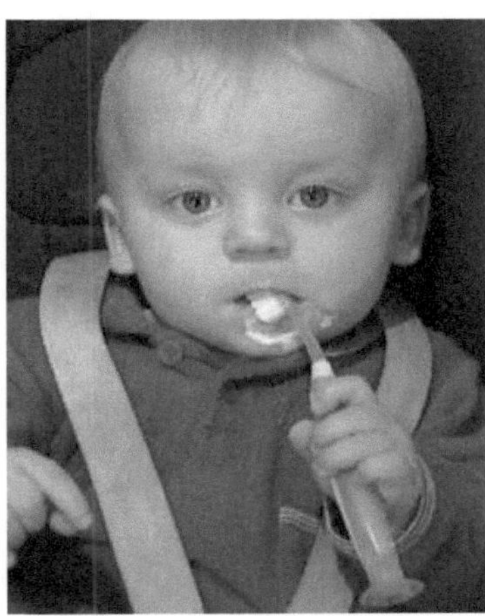

Wer sofort nach dem Essen die Zähne putzt, kann sich damit mehr schaden als nützen. Das haben Zahnmediziner der Göttinger Universität herausgefunden. Zumindest nach dem Genuss von sauren Getränken oder Lebensmitteln sollten die Zähne frühestens nach 30 Minuten gebürstet werden. Sonst drohe ein erhöhter Abtrag von Zahnschmelz, berichteten die Wissenschaftler. Saure Lebensmittel machen demnach den Schmelz vorübergehend weicher. Erst nach einiger Zeit werden die Zähne wieder härter.

„Wer sich direkt nach dem Genuss von sauren Getränken oder Lebensmitteln die Zähne putzt, hat einen drei- bis fünffach gesteigerten so genannten Zahnhartsubstanzabtrag", erklärte Professor Thomas Attin. „Wer dagegen mindestens 30 bis 60 Minuten wartet und dann erst die Zahnbürste benutzt, schont seine Zähne."

**Säure entzieht dem Zahnschmelz Mineralien**
Grundsätzlich könne Säure in Getränken und Lebensmitteln zu so genannten Erosionsschäden an den Zähnen führen, berichtete der Wissenschaftler. Bis zu 20% aller Menschen seien betroffen. Zunehmend hätten auch Kinder und Jugendliche solche Erosionen.

Vor allem Fruchtsäuren entziehen dem Zahnschmelz Professor Attin zufolge Mineralien. Weil sich die erweichten Zahnoberflächen erst nach einiger Zeit durch die im Speichel enthaltenen Calcium- und Phosphat-Ionen wieder erholten, solle man mit dem Putzen lange genug warten. Ausspülen des Mundes mit Milch oder einem fluoridhaltigen Mundwasser kann der Demineralisierung entgegenwirken.

**Gar nicht putzen ist noch schädlicher**
Wenn der Zeitplan aber kein Warten erlaubt, sollten die Zähne lieber gleich geputzt werden, bevor sie dreckig bleiben: Denn sonst entwickeln sich Zahnbeläge, die den Zahn längerfristig zerstören.

# Alles über Süßstoffe

### Inhaltsstoffe

Woraus bestehen natreen Tafelsüßen?
Die neuen natreen Tafelsüßen (Tabletten, Flüssigsüße und Streusüße) bestehen aus der geschmacklich optimalen Süßstoffkombination Saccharin und Cyclamat, die jetzt mit dem neuen Süßstoff Thaumatin abgerundet und somit geschmacklich verbessert wurde.

Mit dieser Rezeptur wird natreen den gestiegenen Anforderungen der Verbraucher an Qualitätsprodukte mit einer angepaßten Kalorienaufnahme gerecht.

Welche weiteren Süßstoffe werden in den kalorienreduzierten Produkten von natreen eingesetzt?
Einige kalorienreduzierte Produkte von natreen enthalten neben den Süßstoffen Saccharin und Cyclamat noch die Süßstoffe Aspartam oder Acesulfam.

Je nach Produkt (Joghurt, Fruchtsaftgetränke) entwickeln die Süßstoffe eine unterschiedliche Süße. Aufgrund des Synergismus (Zusammenspiels) der Süßstoff-Kombinationen ergibt sich für das jeweilige Produkt eine ausgewogene und optimale Süße.

Müssen die Süßstoffe, die in den natreen Produkten eingesetzt werden bestimmte Kriterien erfüllen?
Alle Süßstoffe, die natreen einsetzt, unterliegen der nationalen und europäischen Gesetzgebung und weisen einen hohen Reinheitsgrad auf.

Alle Produkte unterliegen ständigen Prüfungen und gewährleisten somit eine hohe Qualität.

Am 29. Januar 1998 wurde die Süßungsmittel-Richtlinie der Europäischen Union in deutsches Recht umgesetzt. Die neue Richtlinie erlaubt die Verwendung von sechs Süßstoffen in Lebensmitteln. Hierzu gehören:

Saccharin, Cyclamat, Acesulfam, Aspartam und die beiden neu zugelassenen Süßstoffe Thaumatin und Neohesperidin DC.

Im Anhang der Richtlinie sind in ausführlichen Tabellen die Lebensmittelgruppen, denen Süßstoffe oder Zuckeraustauschstoffe zugesetzt werden dürfen und die dazugehörigen Mengenbegrenzungen aufgelistet. Für Tafelsüßen sind alle Süßstoffe ohne Mengenbegrenzung zugelassen. In der neuen Richtlinie bzw. in der deutschen Verordnung sind Süßstoffe für Lebensmittel des allgemeinen Verzehrs zugelassen, nicht mehr nur für diätetische Lebensmittel. Das bedeutet, daß mit Süßstoff gesüßte Lebensmittel in der Regel nicht mehr als für Diabetiker geeignet gekennzeichnet werden. Diabetiker müssen zukünftig dem Zutatenverzeichnis oder der Nährwerttabelle entnehmen, ob ein Produkt für sie geeignet ist. Häufig werden bei diabetikergeeigneten Produkten zusätzlich die BE angegeben, so auch bei natreen.

Der Gehalt an Süßstoffen und/oder Zuckeraustauschstoffen wird künftig durch die Angabe mit Süßungsmittel(n)" kenntlich gemacht. Lebensmittel, die Süßungsmittel und einen Zuckerzusatz enthalten, erkennt der Verbraucher an der Kennzeichnung mit (einer) Zuckerart(en) und Süßungsmittel(n)". Welche Süßstoffe im einzelnen verwendet wurden, ist jeweils dem Zutatenverzeichnis zu entnehmen. Bei Tafelsüßen müssen die verwendeten Süßstoffe durch den Hinweis auf der Grundlage von..." kenntlich gemacht werden.

Die neue Richtlinie ermöglicht es, dem Verbraucher eine noch größere und bessere Auswahl an kalorienarmen bzw. kalorienreduzierten Lebensmitteln zu bieten.

## Was ist Saccharin?

Saccharin ist einer der ältesten Süßstoffe und wird bereits seit über einem Jahrhundert erfolgreich verwendet. Dieser Süßstoff ist etwa 400 mal süßer als Zucker. Früher hatte Saccharin den Nachteil, daß es leicht bitter schmeckte, doch dieser geschmackliche Nachteil konnte durch verbesserte Herstellungsverfahren behoben werden. Zumeist wird Saccharin in einer Süßstoffkombination mit Cyclamat im Verhältnis 10:1 eingesetzt, wie auch bei natreen. Diese Mischung verstärkt die Süßkraft von Saccharin und bietet dem Verbraucher eine optimale Süße. Da Saccharin vom menschlichen Organismus nicht verwertet wird, liefert es keine Kalorien und kann folglich in der Energiebilanz vernachlässigt werden.

## Was ist Cyclamat?

Der Süßstoff Cyclamat wurde vor etwa 60 Jahren entdeckt. Er ist etwa 35 mal süßer als Zucker und somit der Süßstoff mit der geringsten Süßkraft. Allerdings ist er bekannt für seinen ausgezeichneten Geschmack, der sich besonders in der Mischung mit Saccharin bewährt hat. Im Organismus wird Cyclamat nicht verstoffwechselt und von den meisten Menschen daher unverändert wieder ausgeschieden. Nur wenige Menschen haben Bakterien in der Darmflora, die das Cyclamat umwandeln. Dieser Prozeß ist jedoch unter Gesundheitsaspekten ohne Bedeutung.

## Was ist Aspartam?

Aspartam ist ein Süßstoff, der vor 25 Jahren entdeckt wurde. Dieser Süßstoff ist etwa 200 mal süßer als Zucker. Die Hitzebeständigkeit dieser Verbindung ist relativ schwach; daher ist dieser Süßstoff zum Kochen und Backen weniger geeignet. Aspartam ist aus den Aminosäuren Asparaginsäure und Phenylalanin aufgebaut und wird vom Körper abgebaut. Dabei wird Energie frei (d.h. Kalorien), die aber aufgrund der geringen Einsatzmengen von Aspartam in den verschiedenen Produkten zu vernachlässigen ist. Außerdem entstehen bei der Verstoffwechselung von Aspartam geringfügige Mengen an Methanol (Alkohol), welches aber auch bei zahlreichen natürlichen Gärprozessen vorkommt.

## Was ist Acesulfam?

Acesulfam ist ein Süßstoff, der in den 80er Jahren entdeckt wurde. Er ist etwa 200 mal süßer als Zucker und wird ebenfalls vorwiegend in Kombination mit anderen Süßstoffen eingesetzt. Der Süßstoff Acesulfam ist kalorienfrei, da er vom menschlichen Organismus nicht umgesetzt wird. Acesulfam ist sehr stabil und hitzebeständig.

## Was ist Neohesperidin DC?

Neohesperidin DC wird aus einem Flavonoid der Citrusfrüchte hergestellt. Der kalorienfreie Süßstoff kann bis zu 1800 mal süßer als Zucker sein, kommt aber zumeist in Konzentrationen zum Einsatz, die 400-600fach süßer sind. Neohesperidin DC hat die Eigenschaft, bittere Geschmacksnoten in Stoffen zu unterdrücken, daher wird er sehr gerne in Arzneimitteln, wie Tropfen und Sirups eingesetzt. Als Einzelsüßstoff besitzt es einen lakritzartigen Nachgeschmack. In Kombination mit anderen Süßstoffen zeigt er sehr gute Geschmackseigenschaften. Neohesperidin DC ist seit 1998 als Süßstoff in Deutschland zugelassen.

## Was ist Thaumatin?

Thaumatin (Thauma = griech. Wunder) ist der am längsten bekannte Süßstoff. Schon 1855 beschrieb der britische Afrika-Reisende DANIELL den besonders süßen Geschmack der westafrikanischen Katemfe-Frucht (Thaumatococcus). Aus dem Samenmantel dieser Frucht wird Thaumatin gewonnen. Thaumatin ist sehr wertvoll, denn aus 1 Kilogramm der Früchte lassen sich gerade mal 6 Gramm Thaumatin gewinnen. Die Einheimischen verwenden die thaumatinhaltigen Früchte schon sehr lange zum Süßen ihrer Speisen.
Der Süßstoff ist ein natürliches Protein mit einem Energiewert von 4 Kilokalorien pro Gramm. Da seine Süßkraft jedoch 2.000-3.000 mal höher liegt als die von Zucker, werden nur sehr geringe Mengen zum Süßen eingesetzt. Die Energie, die durch den Stoff zugeführt wird, kann in der Kalorienberechnung vernachlässigt werden. Wie auch Neohesperidin DC hinterläßt Thaumatin in hohen Dosen einen lakritzartigen Nachgeschmack. In Kombination mit anderen Süßstoffen ergibt sich aber ein sehr guter Gesamtgeschmack. Neben der Süßkraft besitzt Thaumatin auch geschmacksabrundende Eigenschaften, die bereits in geringsten Konzentrationen wirksam werden. Diese Eigenschaft nutzt auch natreen in der neuen Rezeptur.

Weiter zu:
**Gesundheit** | **Inhaltsstoffe** | **Geschmack** | **Verwendung** | **Verschiedenes**